地域水力を考える

編
伊谷樹一
荒木美奈子
黒崎龍悟

日本とアフリカの農村から

昭和堂

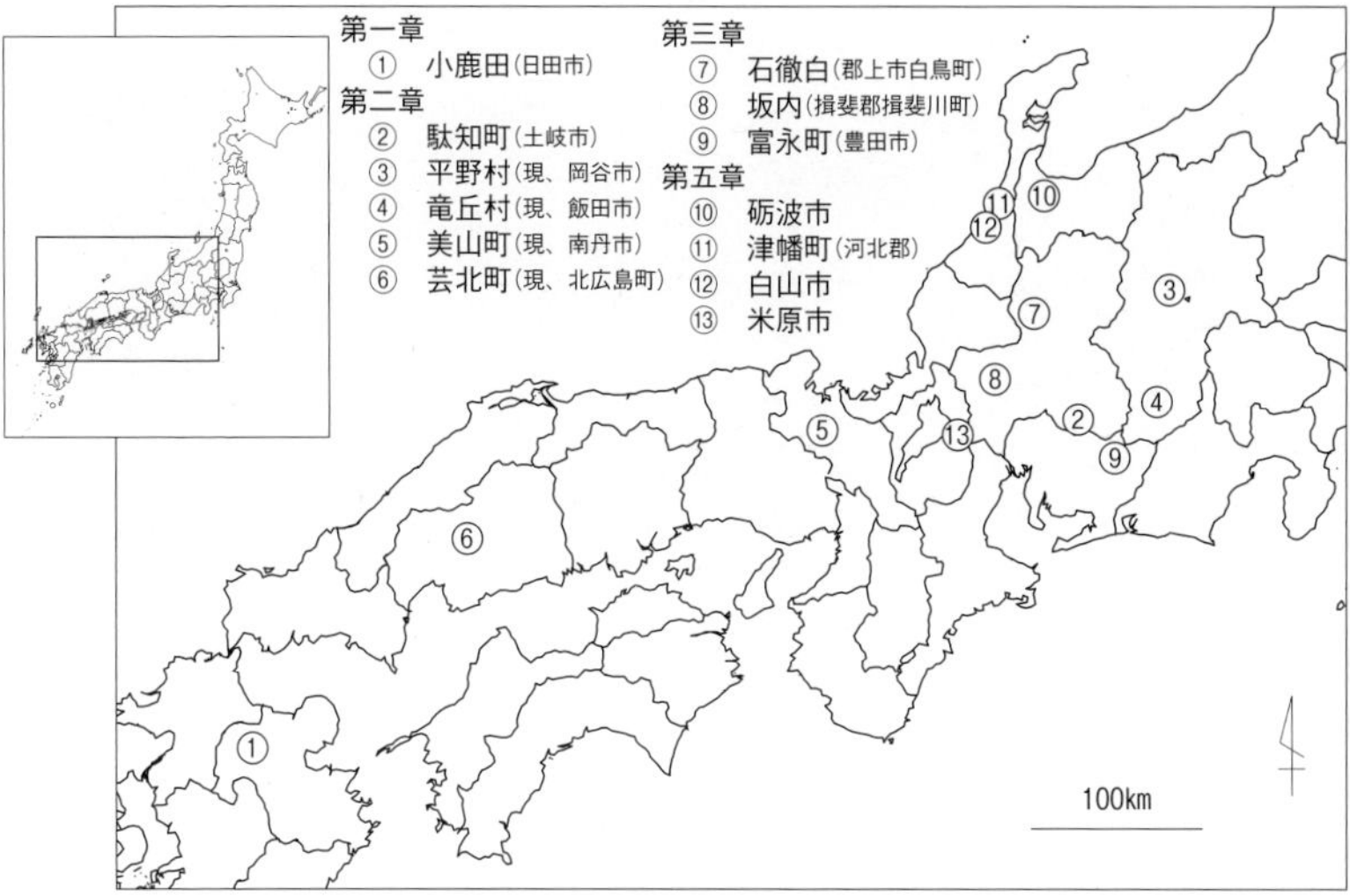

口絵１　本書に登場する地域の位置（日本）

口絵２　本書に登場する地域の位置（タンザニア）

口絵３　昭和 38 年頃の水車小屋（京都市左京区岩倉の「西河原の水車」、袖岡又彦氏撮影、袖岡千久馬氏所蔵）

口絵４　水力発電所の上流域に植える樹木の苗を育てる（タンザニア・ンジョンベ州ルデワ県、黒崎龍悟撮影）

口絵５　谷から稜線に向かって植林する（タンザニア・ンジョンベ州ルデワ県、伊谷樹一撮影）

口絵６　旧三穂村営電気水力発電所跡（長野県飯田市、西野寿章撮影）

口絵７　「手作り水車発電講座」で発電機を取り付けた水車と精米小屋
（愛知県豊田市富永町、岡村鉄兵撮影）

口絵８　手作りの鉄製水車（タンザニア・ンジョンベ州ルデワ県、伊谷樹一撮影）

口絵９　プーリーは自転車のリム、軸受けは木片。細かいことは気にしない（タンザニア・ンジョンベ州ルデワ県、伊谷樹一撮影）

口絵10　へき地で電気を地産地消している村（タンザニア・ンジョンベ州ルデワ県、伊谷樹一撮影）

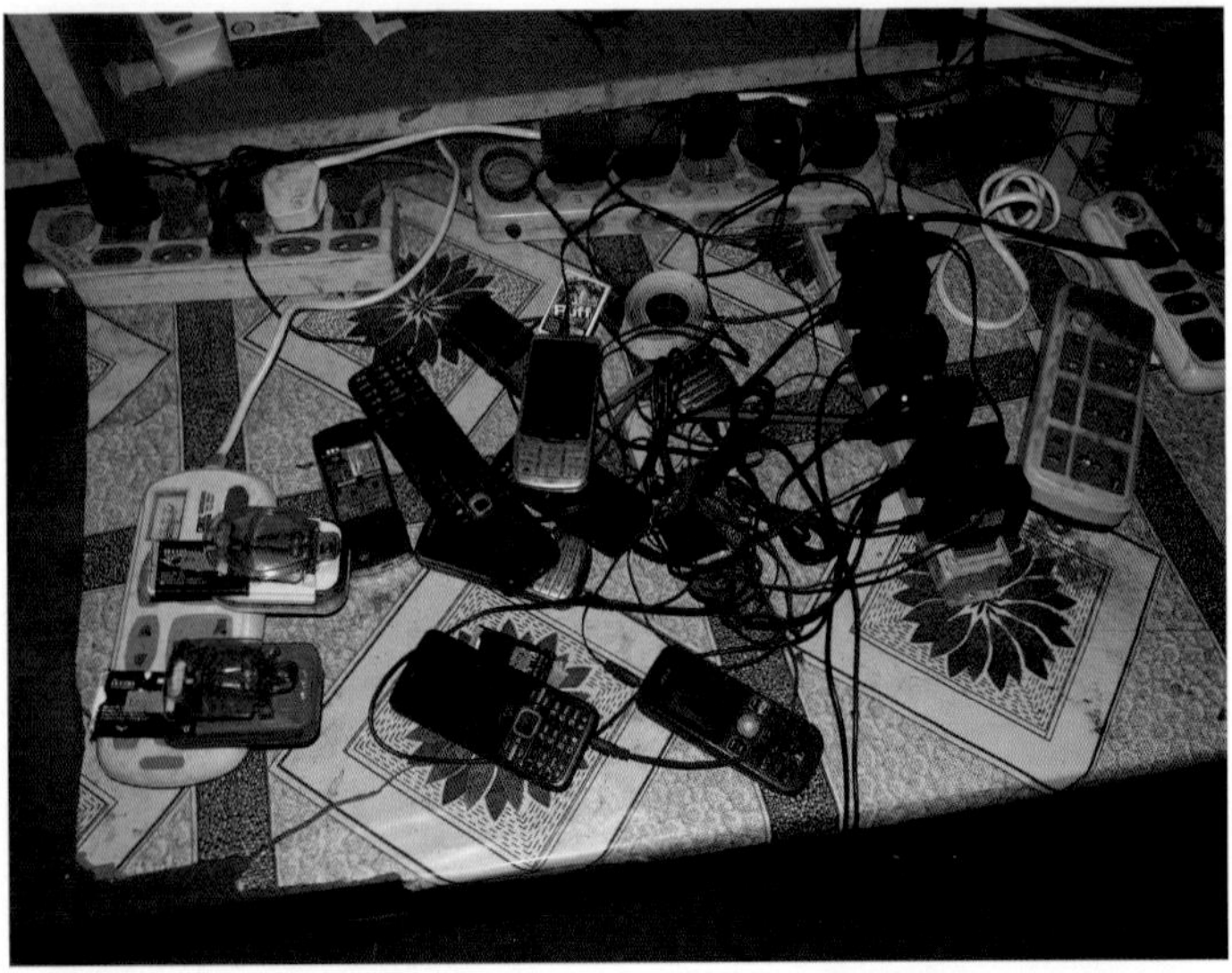

口絵 11　水力発電で携帯電話を充電（タンザ ニア・ンジョンベ州ルデワ県、黒崎龍悟撮影）

口絵 12　落差のある農業用水路。この落差を利用して「らせん水車」を稼働させる（富山県南砺市高屋地区、瀧本裕士撮影）

口絵 13　水力製粉所で粉にしたトウモロコシを頭にのせて家路をたどる親子。横は導水路（タンザニア・ルヴマ州ムビンガ県 K 村、荒木美奈子撮影）

口絵 14　何年もかけて住民が完成させた小型水力製粉所（タンザニア・ルヴマ州ムビンガ県 K 村、荒木美奈子撮影）

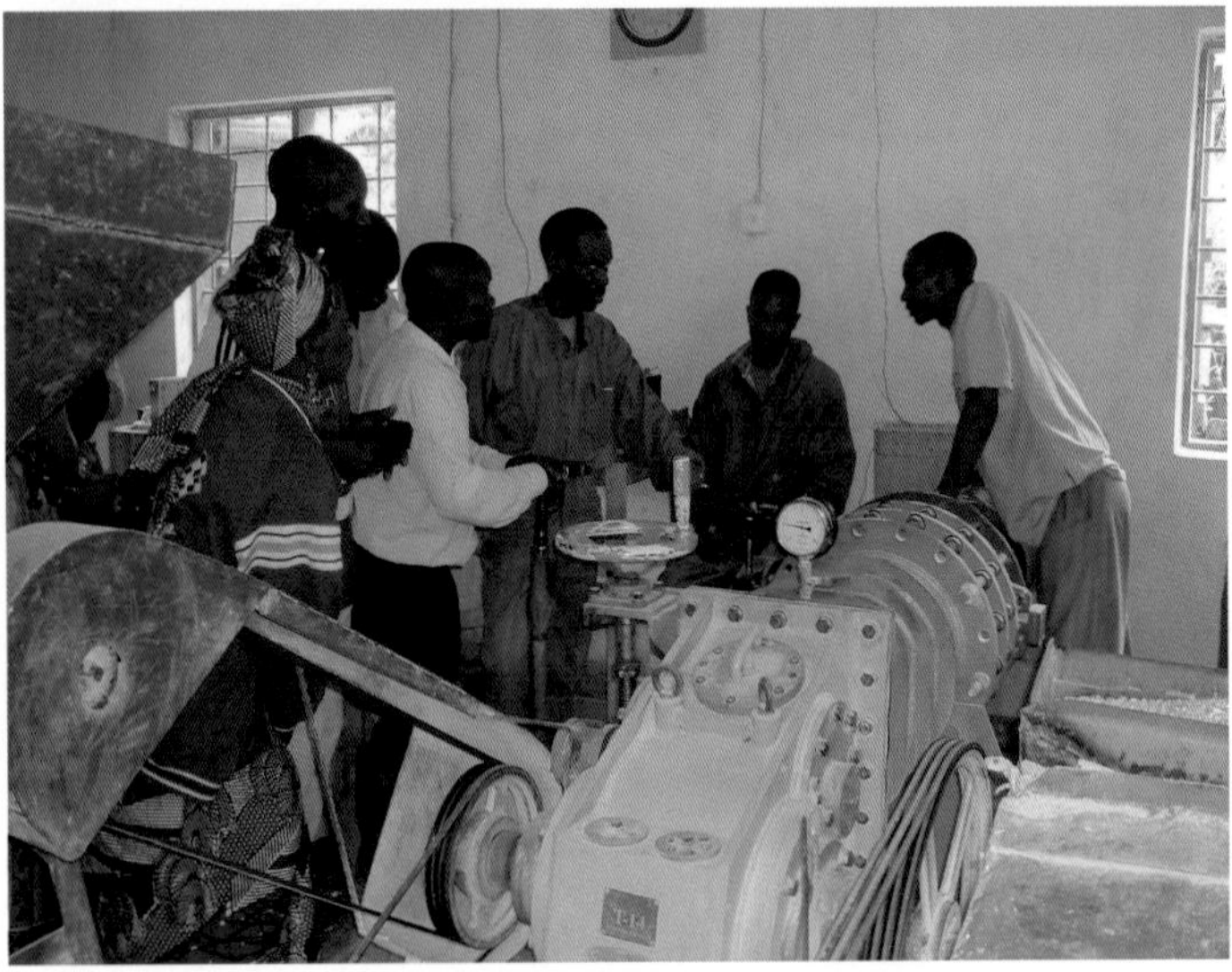

口絵 15　他地域の人たちに水力製粉機のしくみを説明する（タンザニア・ルヴマ州ムビンガ県 K 村、黒崎龍悟撮影）

目　次

終章　人と環境とエネルギーの関係性……250

伊谷樹一・荒木美奈子・黒崎龍悟

序章 ギャップを埋める地域水力

伊谷樹一・黒崎龍悟

第一節 自然エネルギーとしての地域水力

二〇〇五年に京都議定書が発効されると、世界では地球温暖化への関心がいよいよ高まり、温室効果ガスを排出する化石燃料の使用に厳しい目が向けられるようになっていった。電力会社は原子力発電の安全性を誇張し、世の中にもそれを安易に受け入れようとする楽観的な雰囲気が漂っていたように思う。そのようななか、二〇一一年三月に東日本大震災が発生して、福島第一原子力発電所の爆発が世界を震撼させた。この事故のあと、ドイツやイタリアはいち早くエネルギー政策の転換を表明し、世界はようやく原子力が化石燃料の代替エネルギーではないことに気づかされた。

二〇一〇年代、地球温暖化の影響と思われる異常気象の災害が世界中で相ついで起こった。巨大な台風が日本列島に甚大な被害をもたらしたのはまだ記憶に新しい。これに対するビジネス界の反応は迅速で具体的だった。国際的な大企業が中心になって、自然エネルギーを主力電源とする社会の構築に取り組んでいった。自然エネルギーへの回帰は急務であるが、経済の動きを止めずに、現在の電力量を自然エネルギーだけでまかなうのはなかなか難しく、企業は新たな技術開発にもしのぎを削っている。

エネルギー・シフトの実現には、電力消費量の削減も不可避であり、それは国や企業だけでなく、多少はあるにせよ、すべての人に課せられた課題でもある。

自然エネルギーは、太陽光と地球の地圏・水圏・大気圏・植生圏を循環するエネルギーを指す。人はこの循環するエネルギーの一部を電気に転換して使うのだが、自然エネルギーは当然のことながら特定の資源や環境と強く結びついている。そのことがよくわかるのが水力である。豊かな森が安定した川の流れをつくり、人はその流れを使って水車を回して発電する。水力が安定した生態系と健全な社会があってはじめて持続的に使うことができるエネルギーであることは理解しやすい。自然エネルギーを基盤とする社会では、環境がエネルギーをつくり出す速度に応じてエネルギーを消費することになるが、それはけっして窮屈な生活ではないと思う。電気がないアフリカの農村暮らしに慣れた者からすると、日本に帰るたびに電気の浪費に居心地の悪さを感じる。将来、自然エネルギーが動かす社会から現代の生活を振り返れば、同じような感覚を抱くのかもしれない。

古来、人は水車を介して水からエネルギーを得てきた。水の流れを往復や回転という機械的な運動に転換し、さまざまな労働に適用しながら生業の生産性を高めていったのである。一九六〇年代までは、日本の農村でも水車小屋を見ることができた。口絵3の写真は京都市左京区の岩倉にあった水車小屋で、昭和四七年

（一九七二年）に洪水で流されるまで精米用に使われていた（中村 二〇〇七）。この頃は、かろうじて暮らしのなかで水力を実感することができた。大型の水力発電所が山奥に建設されるようになると、そこから電気だけが送られてきて、使われなくなった木造水車は農村から消えていった。その結果、電気の生産と利用は乖離し、そののち電力の主力が火力や原子力へ移行していくことで、環境とエネルギーの関係すら顧みられなくなってしまった。

そのいっぽうで、水力にまつわる在来の技術は、水車を懐かしむ愛好家や地域誌の研究家、工学系の研究者や民俗学者などによって保存されてきた。そして皮肉なことに、地球温暖化や原発事故によってそうした技術に再び光が当てられることになった。休耕田のひろがる日本では全国に張りめぐらされた水路網を水力源として再活用しようという動きがある。また、東アフリカのタンザニアでは、農村の新しいエネルギーとして小規模な水力利用が注目され始めている。それらはいずれも地域のコミュニティと環境が密接に関わる水力であって、ここではそれを規模とは関係なく「地域水力」と呼ぶことにした。

水力は、太陽エネルギーを源とする水の循環に依存しながら、地形や植生の影響も強く受ける。人が身近な環境から水力（エネルギー）を継続的・安定的に得ようとすれば、その環境を維持しなければならない。本書では、日本における地域水力の盛衰と意義を近代産業史に学びつつ、現代の日本とタンザニアにおける地域水力の具体的な事例を分析して、環境を保ちながら自然資源をうまく利用する小さな循環系のあり方を描いてみたい。

以下の節では、水力というエネルギーの歴史を俯瞰しながら、本書の構成について概説しておく。

第二節　水力とのあゆみ

水車の起源には諸説あるが、おおよそ紀元前一世紀に地中海域と現在の中国でそれぞれ使われ始めたというのが通説になっている（例えばレイノルズ 一九八九）。水車はおもに穀物を挽くための動力と、農地へ水をくみあげる揚水という二つの役割をもって発達してきた。

水力利用の歴史において紙幅をさかれるのがヨーロッパでの進展である。水車の歴史をまとめたレイノルズ（一九八九）は、発祥とされた地中海周辺や中国よりも、ヨーロッパにおいて水車・水力の利用が盛んになった背景には、食文化、宗教、産業、都市化、社会制度、政策などさまざまな要因が影響していたことを指摘している。例えばヨーロッパでは、キリスト教的価値観が影響しながら、自然を人間のコントロール下におく思想がひろがっていたことを背景に、多様な用途にあますところなく水力を利用しようとする傾向がみられた。その結果として、さまざまな技術革新や工業機械が開発された一八世紀終りごろには、ヨーロッパ各地の川でおびただしい数の動力用の水車が稼働していた。それに対し、イスラム圏では、相対的な水不足や豊富な労働力、川を独占してはならないとする規範や、川に対する崇敬な感情などからヨーロッパほど水力を積極的に利用しようとしてこなかった。いっぽう中国では、水力利用の技術は普及してさまざまな産業に応用されていったものの、一〇世紀ごろまで輸送やかんがいを重視する歴代王朝の政策が強く反映されて、それ以外への水力利用は制限されていた（ニーダム 一九七八）。

日本での水力利用の歴史をみると、七世紀には挽き臼の動力源として水車が中国から伝えられたとされる（出水 一九八七）。水資源に恵まれていた日本では、ヨーロッパに劣らず、水環境や用途にあわせて多種多様な水車が考案された。それには、陶土の粉砕（窯業）、精米（食用、酒造業）、わら打ち（日用工芸品）、葉の粉砕（線香、抹茶）、製材（林業）、撚糸・製糸（養蚕業）、製鉄（工業）、製粉（食品加工）、魚の捕獲（漁業）などがある。世界からみれば遅れてはいたが、水力利用に適した地形や水の流れがいたるところにあり、各地で個性的な工作技術が開発されていった。水力は生活や産業を支えるだけでなく、田園や里山に溶け込んだ水車の造形の美しさやのどかな水の音が絵画や俳句の題材にされるなど（前田 一九九二）、日本の文化にも深くしみこんでいる。

第三節　水力利用の大転換――水力発電の登場――

長いあいだ動力用・揚水用として広く使われてきた水力は、一九世紀の終わりごろに発電に応用されることで利用形態は大きく変貌する。事業として活用された初期の例には、エジソンの活躍に触発されたH・J・ロジャースが一八八二年にウィスコンシンのアップルトンで開始した水力発電所がある。(1) これ以降、アメリカではダムを備えた大型水力発電所の建設がすすめられていく。

日本では、ロジャースの発電開始から間もない一八八八年（明治二一年）に仙台の三居沢発電所が自家用水力発電所を、そして一八九一年（明治二四年）に京都の蹴上で事業用の水力発電所が操業を開始すると、全国に水力発電所が建設されていった。大正時代の好景気を背景に、発電用の大型水車（タービン）の国産化が始まったことや、発電機の生産技術の向上、送電線技術の発達による電源の遠隔地化などに後押しされて、民営の大規模な水力発電が山間部に建設されていった（田中 二〇〇七）。包蔵水力（経済的・技術的に利用可能な水力エネルギー）に富んだ日本では、こうして水力を電力基盤とする体制が確立されていったのである。

ただ、当時の電化事業は自由競争であったために、電気の供給は都市が優先され、採算がとれない地方にまで電気は届かなかった。電力会社が経済的な理由で配電しなかった地域では、そこの特性を活かした個性的な電灯会社が興ることもあった。また山間地域やへき地では、電気利用組合が設立されたほか、町村営などの公営電気も数多く存在した（西野 二〇二〇）。電気の来ない農村で発電の手段とされたのがやはり水力であった。ダムの造成を必要としない水路式の小規模な水力発電所が各地に建てられ、電気を地産地消し始めたのである。しかし、地域の住民が時間や手間をかけてつくりあげた発電事業は長く続かなかった。第二次世界大戦が始まり、国家総動員法によってそのような水力発電所は国家に接収され、地域住民を主体とした水力発電は下火になっていった。そのいっぽうで、精米や製粉の動力源としての水力利用は根強く地方の生活を支え続け、その技術は戦後の復興を助けた。

日本で協同組合や町村営の電気事業が活発化した少しあとに、ドイツでも農村電化の動きがみられた。ヨーロッパではコムギの製粉に水力を利用してきた長い歴史があり、農村には水力を利用する優れた技術が蓄積されていた。ドイツにおいても二〇世紀のはじめに主として石炭火力でつくられた電気は都市への送電が優先された。第六章で詳述するが、電気が来ない地方の住民は、地域ごとに協同組合を組織し、小さな水力発電所を設けて分散型のエネルギー供給体系の基盤を創りあげていった(石田 二〇一三)。在来の技術が、当時の最先端の技術を取りこむことで農村での電化に成功し、電気をめぐる地方と都市のギャップを埋めたのである。

戦後、日本では国家総動員法の流れをくむ電力供給体制は各地域に設置された九つの電力会社に引き継がれた。電気事業はもはや自由競争でなくなったが、経営効率の観点から電気がひかれていない農山村はその時点でも多く存在していた。一九五二年(昭和二七年)には、地方の電化と農業の動力化を目的として「農山漁村電気導入促進法」が制定され、電気が届いていなかった地方の村々における電化事業への支援が打ち出された。一九五四年(昭和二九年)の時点で、全国六〇〇万世帯を超える農山漁家のうち、約三パーセントの二一万世帯が電気事業者からの電気供給を受けていなかった(佐藤 一九五四)。農山漁村電気導入促進法の対象は各種の協同組合と土地改良区であり、各地で組合を基盤とした電化事業が計画されていった。そのような電化事業のほとんどが水力を活用したものであった。ただ、当時は電気の供給ということに加え、地方財政の安定のための売電も重視されていた。このことによって、各地で小水力発電所の設置が促されたものの、電力会社との買い取り価格の交渉がうまくいかず、一部の地域を除いて、財政的には厳しい事例も多かった(秋山 一九八〇)。やがて、高度経済成長期になると、国全体のエネルギー供給は、発電所の建設に時間とコストがかからない火力発電が主流となり、また電力供給体制も公的サービスの性格を強めるようになったことで地方へも送電線が延びていった。谷川の水を利用した地域電化は、その役割を終えて急速に姿を消していった。動力源としての水力が衰退していったのもこの時期であった。一九六六年（昭和四一年）には東海村で日本で最初の原子力発電所が操業を開始すると、火力・大規模水力・原子力でつくられた電気が日本のすみずみに送られ、地方は大規模集中型エネルギー網に組み込まれていった。

エネルギーの供給体制が安定したかにみえた日本だったが、一九七〇年代に起きた二度のオイルショックは、日本を含む世界の経済を大きく揺さぶった。オイルショックによってエネルギーの安定供給の重要性が強く意識されるようになり、各国は中東の化石燃料だけに依存しない固有のエネルギー源を模索し始めた。そのようななかで世界が注目したのが自然エネルギーと原子力だった。しかし、両者はその後、対照的な道を歩むことになる。

東海村で原子力発電所が稼働して以降、増大する電気需要に応えて次つぎと日本各地に原子力発電所が建設されていった。いっぽう、オイルショックのあとに国民の声に後押しされた政府は「サンシャイン計画」を立ちあげ、太陽光、地熱、風力などの自然エネルギーの開発に力を注いだ。しかし、それ以降は石油価格が落ち着いていったことと、小規模分散型のエネルギー供給が高度経済成長期の大規模集中の動きに逆行していたこと、そして原子力の存在感が高まっていったことなどを背景に、この取り組みはあまり注目されなくなっていった（独立行政法人新エネルギー・産業技術総合開発機構 二〇一四）。火力発電に強く依存する状況が変化をみせ始めたのは、一九九〇年代に入って気候変動枠組条約の締約国会議が開かれるようになり、地球温暖化が強く意識されるようになってからである。一九九七年の「京都議定書」の採択によって自然エネルギーの開発と利用は環境問題への重要な対策の一つとして脚光を浴びるようになった。その間、原子力の危険性は地球温暖化の影に隠れ、原子力発電は主力電源の一つとなっていった。しかし、二〇一一年三月の東日本大震災によって原子力発電の安全神話はもろくも崩れさった。

第四節　「パリ協定」のインパクト――世界のエネルギー構造の転換――

ドイツでの先進的な事例にならいながら、日本でも自然エネルギー普及のための「固定価格買取制度(Feed-in Tariff: FIT)」が二〇一二年に導入された。それは自然エネルギーで発電した電気を電力会社が安定的に高く買い取ることを義務づけた制度である。FIT導入は着実に自然エネルギーの普及を後押しすることにはなったが、その中心にあったのが、高く買い取られる自然エネルギーを投資目的に利用しようとする動きだった。山林を伐り拓いて突如あらわれるソーラーパネル群や巨大な風車に戸惑う近隣住民の姿がたびたび報じられた。

また、日本を含む世界のエネルギー構造に対する大きなインパクトとなったのが、二〇一五年のCOP21で締結された「パリ協定」である。「低炭素」という目標はより強いメッセージをもった「脱炭素」に置き換えられ、世界は一丸となって温室効果ガス排出ゼロ社会を目指すことが呼びかけられた。国際企業の反応は早く、社会的な責任を果たすことを最優先の課題としながら、大企業が中心となって再生可能エネルギー社会への転換に乗り出した。各国政府にもこの動きを主導することが強く求められていった。

再生可能エネルギー化の担い手は、設置に時間と経費がかからないメガ・ソーラーと洋上風力発電である。

そこで生産された電力は系統電力の送電網に繋げる必要があるため、現状では再生可能エネルギー発電所を設置できる場所は高圧送電線の近くに限られている。もともと原子力発電にしても火力発電にしても、発電所の設置に必要な広い用地は人口の減少に悩む過疎地域が提供してきた。電源が再生可能エネルギーに変わっても相変わらず地方が用地を提供する体制は変わらない。大規模集中型のエネルギー・システムのなかで形づくられてきた「都市に従属する地方」というこれまでのいびつな構造や、エネルギーの生産の現場と消費地の乖離という、「無関心」を生みだす素地は引き継がれようとしている。

主力電源はともあれ、地方に目を向けてみると、小さな規模ではあるものの、地域社会に根ざしたさまざまな取り組みが着実にすすめられていた。地域社会を主体とした動きには、エネルギーの地産地消や、等身大のエネルギー生産・利用を重視する傾向を見いだすことができる。

第五節　地域水力とエネルギーの地産地消

ＦＩＴの導入をきっかけとして大規模な風力発電やメガ・ソーラーが急速に普及するいっぽうで、小規模な水力発電施設が各地に建設されていった。小さな水力の利用は戦後の自然エネルギー推進の流れのなかでは目立った動きではなかったが、ここにきて水力は新たな役割を与えられ、社会のなかで少しずつ存在感を増している。

ＦＩＴ導入後に小規模な水力発電が短期間にひろがった背景には、豊富な水源をもつ日本の地形や気候条件に加えて、かつて水源利用に使われていた取水口や水路などの基盤が各地にそのまま残されていたこと、そして何よりもそれを巧みに利用する技術と文化が各地の農村に残っていたことがあった。戦後まもなく農山漁村電気導入促進法のもとで造られ、その後使われなくなっていた水力発電施設が、FITを契機に復活して運転を再開しているという事例も報告されている（本田・三浦・松岡・岩本 二〇一六）。戦前・戦後の地域的な水力発電事業は、環境やエネルギー分野だけでなく、地域の活性化を図ろうとする分野からも注目されている。

東日本大震災以前から、あるいはFITが導入される以前から、地域における水力利用の有用性に注目し、独自に利用・開発をすすめてきた動きにも着目する必要がある。本書の第五章でも詳しく述べているような、かつての農村での農作業に活用していた在来水車を発電へと応用する技術の再創造（里深・瀧本 二〇一〇）や、適正技術としての水力発電への地道な取り組みもあった（地域分散電源等導入タスクフォース編 二〇一〇）。先に地域水力が地方と都市のギャップを埋めてきたことを説明したように、技術をめぐる取り組みも地域水力の空白の時間（ギャップ）を埋めて水力利用の技術の維持と継承に貢献してきたのである。

農村でも米食がひろまり、精米の動力として水車が普及した江戸時代の後半には、川が水車で埋め尽くされる所もあったという。水車の設置に適した土地には「車谷」、「水車谷」などの名がつけられていて、かつての活況を今に伝えている。昭和になって農村の電化がすすむのにともなって水車は姿を消し、またひとつ環境と社会をつないでいた接点がなくなっていった。近年になって土砂災害や河川の氾濫が増えているのは、水源となる山林や河川流域の環境から地域社会の関心が離れてしまったことと無関係ではない。地産地消を軸にすえたエネルギー問題への地域的取り組みは、山林・流域環境の保全・整備や、過疎地域の活性化へとつながる側面がある（室田ら 二〇一三）。「地域水力」は、自然エネルギーの一つのかたちであるとともに、人が環境と向き合うときの視座でもある。

第六節　本書の目的

小規模な水力発電を説明するとき、出力の大きさに応じて「小水力」、「マイクロ水力」、「ピコ水力」などと表現することがある。本書でもそうした表現が随所に出てくるが、いずれも地域水力を指している。第五章でも説明するが、本書では小規模分散・地産地消を基本とする地域水力を、エネルギー政策というよりはむしろ地域政策の範疇に入る概念として捉えている。すなわち、生みだされるエネルギーの多寡に注目するのではなく、エネルギーがどのように生みだされ、そのエネルギーと生産のプロセスは地域社会にどのような影響を与えているのかという点に焦点をあてている。

日本には一世紀ほど前に地域水力を活用して地場産業を支えたという経験がある。本書では、当時のコミュニティが地域水力をどのように捉えていたのかを再検討し、その視線を現代日本やアフリカ農村の現場に当てはめてみようと試みた。すなわち、エネルギーの生産者が消費者でもあるという実態をとおして、地産地消がもつ意味をより深く理解できると考えたのである。私たちの多くはエネルギーを生産する機会がほとんどないため、一キロワットをつくるのにどれほどの時間と労力と設備を必要とするかを知らない。電気や熱は料金さえ払えばいくらでも使えると錯覚し、日々の生活にどれほどのエネルギーが必要なのかなど考えようともしてこなかった。かつて人は、利用可能なエネルギーにあわせて生活のスタイルをつくっていた。しかし今は、消費のスタイルにあわせてエネルギーを求め、それを提供してくれるエネルギー源を何の疑問も抱かずに受け入れてはいないだろうか。そのようにして世界の全人口が際限なくエネルギーを消費した結果、大気圏に大量の温室効果ガスを撒き散らすことになってしまった。環境を修復するためには、自然エネルギーの普及や植林に努めると同時に、私たち自身が現代社会を生きるために必要なエネルギーの量を見きわめながら、大量生産・大量消費という生活スタイルから脱却しなければならないのだろう。地域水力に思いをめぐらすことは、そうした生き方や考え方にも影響を与えてくれるにちがいない。

本書はこの序章と、日本とタンザニアの事例を紹介する六つの論攷、そして終章で構成されている。

第一章では、水力の利用がタンザニアの農村に浸透していく事例を紹介しながら、地域水力をめぐる諸活動が生態環境とエネルギーと地域社会をつなぐ重要な架け橋となりうることを指摘している。第二章では、日本の戦前から戦後間もない時期に急速にすすんだ地域電化を取り上げ、地域水力を核にした民主的な農村社会の形成過程について考察している。第三章は、日本の中山間地域の活性化を目指す活動のなかで地域水力が果たす役割を、とくに技術的な観点から分析しつつ、それが都市と地域の人の流れを生みだしていることを示した。第四章は、タンザニアにおける地域水力の草分け的な二つの地域を取り上げ、そこに見られる工夫を紹介するとともに、電気の分配をめぐる地域社会の葛藤を描いている。第五章では、現代の日本において地域水力が果たしうる役割を、他のハイテクとの技術的な組み合わせを構想しつつ、地域の自律性に資する独立電源の意義について興味深い議論を展開している。第六章では、タンザニアの農村に導入された水力製粉機がさまざまな外部者を巻き込みながら村の水力発電事業へとつながっていくプロセスを詳細に描写し、地域水力がもつ社会連繋の機能にも言及している。

日本とタンザニアのいずれの事例においても、地域水力で生みだされるエネルギーはけっして多くはないのだが、そこにはつねに地域住民の「連繋」や「協働」を垣間見ることができる。地域に密着した資源を有効に活用するために、人びとが練り上げてきた「環境と技術と社会の関係性」を読み解くことが、現在の地球が抱える環境とエネルギー、そして社会の分断（ギャップ）という課題を埋めてくれる一助となることを期待している。

引用文献

秋山武（一九八〇）「農協小水力発電の歴史と問題点」（『協同組合経営研究月報』三二三号）、五五〜六八頁。

石田信隆（二〇一三）「再生可能エネルギー導入における協同組合の役割――ドイツの事例と日本への示唆――」（『一橋経済学』七巻一号）、六五〜八一頁。

出水力（一九八七）『水車の技術史』思文閣出版。

佐藤松寿郎（一九五四）「農山漁村電気導入促進法の成果と今後の問題点」（『農林時報』一三巻七号）、一三〜一六頁。

里深文彦・瀧本裕士（二〇一〇）『甦るらせん水車――マイクロ水力発電への可能性を探る』パワー社。

田中宏（二〇〇七）「発電用水車の技術発展の系統化調査」（『国立科学博物館技術の系統化調査報告』八号）、一一五〜一八一頁。

地域分散電源等導入タスクフォース編（二〇一〇）『小水力発電を地域の力で』公人の友社。

独立行政法人新エネルギー・産業技術総合開発機構（二〇一四）『Focus NEDO 特別号サンシャイン計画 四〇周年』https://www.nedo.go.jp/content/100574164.pdf（二〇二〇年一〇月参照）。

中村治（二〇〇七）『洛北岩倉』明徳小学校創立百周年記念実行委員会。

ニーダム、J（一九七八［一九六五］）『中国の科学と文明　第九巻　機械工学　下』中岡哲郎・佐藤晴彦・堀尾尚志・山田潤訳、思索社。

西野寿章（二〇二〇）『日本地域電化史論――住民が電気を灯した歴史に学ぶ』日本経済評論社。

本田恭子・三浦健志・松岡崇暢・岩本光一郎（二〇一六）「固定価格買取制度以降の中国地方の小水力発電の展開」（『農林問題研究』五二巻三号）、一九〇～一九五頁。

前田清志（一九九二）『日本の水車と文化』玉川大学出版部。

室田武・倉阪秀史・小林久・島谷幸宏・山下輝和・藤本穣彦・三浦秀一・諸富徹（二〇一三）『シリーズ地域の再生⑬　コミュニティ・エネルギー――小水力発電・森林バイオマスを中心に』農文協。

レイノルズ、T・S（一九八九［一九八三］）『水車の歴史――西欧の工業化と水力利用』末尾至行・細川歆延・藤原良樹訳、平凡社。

注

（1）Library of Congress, *The World's First Hydroelectric Power Plant Began Operation September 30, 1882.* http://www.americaslibrary.gov/jb/gilded/jb_gilded_hydro_1.html（二〇二〇年一〇月参照）。

第一章

環境と人をつなぐ水力

伊谷樹一

タンザニアの鉄工所で作った「らせん水車」を農村へ運ぶ（伊谷樹一撮影

第一節　林とエネルギーの関係

地上の水は太陽に熱せられて水蒸気になると、上空で冷やされて大気中をさまよう塵などの微粒子に吸着されて氷の結晶をつくる。結晶は雲中で成長しながら落下し、やがて解けて雨滴となって地上に戻ってくる。単純なメカニズムなので人工的に雨を降らせることもできそうであるが、微粒子を散布して若干の雨を降らせることには成功しているものの実用化にはほど遠い。雨が降るメカニズムを知っていたとしても、私たちは雨を操ることはできない。科学が進歩した今でも、日本各地で水神が祀られ、世界じゅうで雨乞いの儀礼は続けられている。

私が調査しているタンザニア南部のソングウェ州のM村（口絵2）でも、しばしば干ばつに見舞われる（伊谷 二〇一一）。例年であれば一一月の中頃に降り始める雨が年末になっても降らないとクリスマスどころではない。現地（ニャムワンガ語）でシカペンバとよばれる呪術師がマリンガ山の岩窟を訪れ、そこに住むチーフの祖霊に生贄を差し出して雨を乞う。チーフの祖霊は水の支配者なのである。姿はだれも見たことがないのだが、白い大蛇に身を変えて岩窟のなかに潜んでいて、岩窟に生贄として放り込まれた黒いヒツジを丸呑みにするのだという。シカペンバたちは岩窟の外で祈りを捧げ、白いニワトリを焼いて塩もつけずに無言で食べる。その頃、村ではわざと汚れた服を着た老婆たちが片手に小枝を持ってコミカルに踊りながら練り歩いている。林には雨を降らす力をもつカタイという精霊が住んでいて、干ばつや洪水はカタイの怒りの表象なのである。カタイを笑わせて機嫌をなおしてもらおうというのだ。

その年末も空には一片の雲もなく、大地は乾ききっていた。シカペンバが鳥肉を食べ終えて家路につき、老婆たちが踊り疲れて木陰で休憩していたころ、遠くの空で小さく雷が鳴った。かすかな雷鳴だったが、それを聞き漏らす者はいなかった。雨乞いの儀式はそれで無事に終わった。雨が降らないのにはそれなりのわけがある。だれかが大木を伐り倒しても、広大な林を伐り拓いても、川魚や食用のイモムシを捕りすぎても、自然環境を過度に荒らせば祖霊や精霊の怒りを買う。雨が降らないと、人びとのあいだではだれの仕業かと密かに囁かれるようになるが、儀礼の後はそうした噂もなくなって、ひたすら雨の兆候を待つ。雨乞いには、集団の不安が特定の個人に向けられるのを避けるはたらきがあるようだ。雨が降れば環境を荒らした行為も水に流されてしまうのだが、林と雨は祖霊や精霊を介してつながっていることがわかる。

雨は海にも降るが、上昇気流が起こりやすい山地によく降る。山林に降った雨は木々の葉に当たり、その多くは樹幹をつたって地面に達し、腐葉土を通ってゆっくりと地面にしみこんでいく。森林が雨の衝撃を受け止める傘のような役割をして、土壌がもつ水の浄化と貯蔵という機能のおかげで、私たちは安定的に安全な水を得ることができる。

私たちが生活のなかでどのように水を使っているか、ごく簡単に整理しておく。成人体重の約六割を水分が占めていて、その約六パーセントが毎日入れ替わっているといわれている。つまり、体重六〇キログラムの人は少なくとも毎日二・一リットルの水を飲む必要があり、運動などで汗をかけばその分は別に補わなければならない。身体を保つために飲む水以外にも、私たちはじつにさまざまな用途で水を使っている。調理に水を加えるのは具材を混ぜ合わせるだけでなく、料理を長時間まんべんなく加熱してデンプンの糊化、タンパク質の変性、滅菌など、安全で消化しやすく、おいしい食事をつくるために不可欠である。水浴や洗顔、洗濯、食器などの洗浄にも水を使う。ふだんの生活ではみられなくなったが、草木から薬効成分や染料を抽出する触媒として、またレンガや土器を焼くときに粘土を成形するための媒体として水を加える。作物や家畜を育てるのにも水は必要であるし、副食となる魚はもちろん水のなかに棲息している。人の移動や物の輸送手段として水の浮力を利用することもある。水のこうした用途は、世界のほとんどの民族・地域で共通してみることができる。ところが、「水力」利用となるとやや地域が限定されてくる。その発展には降雨量の多寡や地形といった生態的な条件だけでなく、食文化、人口密度、産業（技術）の発達、労働力なども深く関わっている。

水力には海流のほか、潮の干満を利用する潮力なども含まれるが、一般的には水がもつ位置エネルギーを運動エネルギーとして利用するときの動力を指す。位置エネルギーは、物体が高い位置にあるときに有している潜在的なエネルギーのことで、その大きさは落差と物体の質量に比例する。高い位置から水が流れ落ちるときに位置エネルギーは運動エネルギーに変わり、それが原動機をとおして機械的なエネルギーに変換される。水力の利用では水自体を消費・汚染せず、そこに潜在する目には見えないエネルギーだけを取り出して活用するという点で他の水利用とは異なっている。

理屈上は、水の流れとエネルギー変換装置があれば、水から動力を得ることができるわけだが、本書の他の章でも示すように、水力を利用するためにはいくつかの条件が揃っていなければならない。落差が大きければ水量が少なくても多くのエネルギーを得ることができる。実際に効率よくエネルギーを得るために、水力発電所は大きな落差が得られる場所に建設されるが、それには大きな水圧を受けとめるだけの丈夫な水車やダムを作る技術が必要である。落差が小さければ、水車の半径と幅を大きくして多量の水を受け止めることで回転力（トルク）を増やすことができる。いずれにしても，大きなエネルギーを得ようとすれば施設は大がかりとなり建設費用もかかるため、水力事業は地域の資源と地場産業が連繫しながら発展することが多い。本書第二章でも示すように、戦前における岐阜県や長野県の未電化山村にみられた村営電気事業は、村有林の売却と村民の寄付を資金の大部分としながら、当時の主要産業であった養蚕製糸工場の電化を成し遂げると同時に、民家に電灯を灯したのである（西野 二〇二〇）。明治時代中期の水力発電の黎明期を経て、大正時代の後期には発電効率が優先されて水力発電所は大型化していく。日本じゅうが電化に向けて大きく動き出す時代のなかで、その流れから取り残された山村が自力で地域の水源を使って電気をつくりだそうとしていったのである。

戦後になって日本の電力体制は地域配電会社をベースとした9電力会社が地域の需要に供給できるような電源と系統をもち、その後の需要増加に対しても各電力会社が電源開発と系統の増強をすすめていった（加藤 二〇一五）。電力の体制が大きく変わるなか、地産地消していた電力も系統電源に飲み込まれ、地域水力の衰退とともに森林―水源―電気（エネルギー）という連繫も顧みられなくなっていった。戦前、山村の電化が公共事業ではなく住民主導で成し遂げられたことは、地域がどのように自律的・主体的に発展していくべきなのかを考える上できわめて重大な意味をもっている。

いっぽうアフリカでは水力を利用する技術が発達せず、植民地期の後半（二〇世紀の中頃）になって植民地政府が大規模な水力発電を建設したことでようやく都市に電灯が灯るようになった。その多くは自然の断崖（滝）や急勾配を利用したもので、発電所は人目に触れない山奥にひっそりと建設され、巨大な送電塔だけが都市に向かって連なるという、日本でもおなじみの景観がつくりだされた。当時のアフリカでは、水源域や発電地域に電気が配られることはなく、すべて都会のための発電だった。やがて人口の増加にともなって水源域でも開発がすすみ、乾季に河川の水位が慢性的に低くなって都会の停電が常態化してくると、そのフラストレーションは水源域の住民に向けられた。水力発電に強く依存するタンザニアでは、政府が水源域での生業や生活を厳しく規制するようになり、大型水力発電所の上流域から農民や牧畜民を追い出すことで強引に水源（電源）を守っていった。

この章では、エネルギーはどのようにつくられるべきなのかを、タンザニアの山村における地域水力の事例をとおして考えてみたい。タンザニアの発電技術レベルは、おそらく日本における戦前から戦後間もない時期に近いのではないかと推察している。本書の第二章や第三章で詳述するように、日本では戦前から各地の農村で小規模な水力発電が始まっており、昭和二七年には農山漁村電気導入促進法も制定された。現在のタンザニアは、大型水力発電をベースロード電源としつつ、インド洋沿岸で採掘された天然ガス発電で都市の電力消費を補いながら、中東から輸入した化石燃料で地方の火力発電所や各種動力機、そして自動車・列車・船舶などを動かしている。各地の河川では小規模な水力利用が動き始めていて、政府も二〇〇七年にはエネルギー・鉱物省のなかにＲＥＡ（Rural Energy Agency）を立ち上げて地方におけるエネルギー開発をサポートするとともに、水力による自家発電も許可して（Tanzania, The Electricity Act 2008）、分散型エネルギーの基礎をつくろうとしている。さまざまな電源が登場し、水力に関する制度が整備されようとする今のタンザニアの状況は、昭和前半の日本の状況と似ているのかもしれない。ただ、日本ではその後、大型水力発電所からの遠距離送電と電力網の整備によって地産地消型の水力利用は姿を消し、電源の主役も水力から火力・原子力へと移っていった。しかしながら、序章でも触れたように、現在の世界のエネルギーを取り巻く情勢は昭和期のそれとはまったく異なっている。現代のグローバルな基本方針は脱炭素であり、それに従わなければ、国であれ企業であれ、世界から相手にされなくなる。もはやタンザニアが自国で採掘した天然ガスも自由に消費できる資源ではなくなりつつある。天然ガスで発電された電気はもともと商都ダルエスサラームでの消費だけが企図されていて、国全体の主力電源が火力発電に大きくシフトしているとは考えにくい。世界資源研究所の報告によれば、タンザニアでは一〇メガワット未満の発電配電システム（ミニグリッド）が急増していて（Ahlborga and Sjöstedtb 2015）、二〇一七年の段階で水力やバイオマス発電所を中心としたミニグリッドが全国に一〇九箇所も稼働しているという（Odarno et al. 2017）。全国規模の配電システムをもたないタンザニアにとって、ミニグリッドは都市間の送電線にかかる膨大なコストを削減でき、その経費を分散型エネルギー体制の基盤整備に向けることができる。

分散型エネルギーは、各地で生産される小規模なエネルギーを指し、エネルギーの地産地消を基本としながら、電気であれば余剰を他の地域に供給することもできる。もともとエネルギーの消費者でしかなかった地方の住民が、エネルギーの供給に参加することでエネルギーの特性や有限性を意識するようになるだろう。

それが水力であれば、自給的な発電であったとしても、発電の多寡に直結する生態環境を意識しないわけにはいかない。環境劣化が発電不良を引き起こしていることに気がついたとしても、だれもが環境の修復や保全の手だてを講じられるわけではないが、この章では深刻な環境劣化に直面しているタンザニアの農村を例にあげながら、エネルギー生産が環境問題を打開する契機となる可能性について考えていきたい。

第二節　なぜアフリカでは水車が発達しなかったのか？——

水車の起源については、世界各地の考古学的資料や文献から、これまでに多くの説が提唱されてきた。初期の水車は、その構造や水の掛け方をもとに、「横型」、「縦型下掛け」、「縦型上掛け」、「添水《そうず》（唐臼《からうす》、spoon tilt-hammer）」に大別され、さらに揚水（ノーリア：noria）と粉砕という水力の用途からの分析を重ねながら技術の進歩や伝播の経路が議論されてきた。添水や唐臼は「ししおどし」と同じ原理で動作する上下運動を利用する道具で（室田・河野・桝形 一九八六）、もっとも原始的な水力利用の一つと考えられているが、その起源についてはよくわかっていない。アメリカの科学技術史家レイノルズ（一九八九）は、これまでの議論を踏まえつつ、水車の発祥は確定できないとしながらも、紀元前一世紀頃にまず揚水用の水車が発明され、地中海世界にひろまったと推論している。そして、その頃にはすでに存在していた石臼と歯車（鉛直方向の回転を水平方向に変換する装置）の技術と融合することで、シリア・小アジアの西方あたりでまず縦型下掛け水車が、次いで横型水車が考案されたと彼は考えた。いっぽう中国では、もともと添水のような水力で上下

図1－1　サドル・カーンでシコクビエを粉砕する（タンザニア・ソングウェ州）

運動する道具が使われていて、それから独自に縦型水車が発明されたとしながら、紀元前一世紀頃に西方から縦型水車が伝わって添水から置き換わった可能性も否定していない。人類による自然エネルギー利用がどのようなかたちで始まったのかを示す明確な証拠はまだ得られていないが、紀元前にはすでに地中海沿岸から東アジアの広い地域において水車が実用的に使われていたようである。

人類が穀物を食べるようになって以来、穀物を石で叩き砕くか石で磨りつぶすことで、堅くてまずく、消化もしにくい殻を取り除いてきた。そして、エジプト文明が成立する過程で、石を叩きつけて衝撃で粉砕する道具は杵と臼へ、石で磨砕する道具はサドル・カーンへと変化していった（三輪　一九八六）。その後の道具の変化について三輪は、杵と臼は足踏み唐臼を経て水力を使う添水へと変化し、いっぽうサドル・カーンのような上下運動で磨砕する道具は回転型の挽き臼を経て水車と結びついたとしている。日本へは七世紀頃すでに碾磑《てんがい》という巨大な石臼が伝わっていて、当時は水力を使って建築物を装飾するのに欠かせない朱か金の原鉱を湿式粉砕するのに使われていたという（三輪・下坂・日高 一九八五）。第四節でも少し触れるが、タンザニアでは今でも杵と臼がふつうに使われていて、二〇〇〇年頃まではサドル・カーンの利用もめずらしくなかった（図1－1）。

シルクロードに沿ってひろまった水力利用は、各地でさまざまに分化・多様化していった。ところが、なぜかアフリカには水力利用にまつわる技術が伝わらなかった。その理由として、イギリスの人類学者Goody（1971）は、サハラ以南アフリカには植民地期まで「車輪」が伝わらなかったことで畜力・水力・風力を利用する技術が発達しなかったと指摘する。古代エジプトのイラストに戦車（チャリオット）をひく二頭のウマが描かれていて（Starkey 2000）、紀元前一〇～一五世紀には車輪を活用する技術は存在していた。サハラ以南と技術交流がなかったわけではない。鋳造技術は紀元前六世紀にはスーダンに伝わっている（Goody 1971）。同じ頃、製鉄技術はエチオピアから各地にひろまり、紀元前三世紀にはナイジェリアへ、紀元後数世紀にはザンビアでも製鉄の跡が確認されている。また、紀元前一世紀頃にエジプトでみられたサキア（sakia）と呼ばれる家畜を使った揚水技術も、サハラを越えることはなかった（Starkey 2000）。車輪がサハラ以南に伝わるのは、じつに一九世紀後半の植民地期を待たなければならないのである（Goody 1971）。

第三節　タンザニアにおける水力の利用

産業革命以降、ヨーロッパ列強は工業用資源の供給地としてアフリカの内陸部に強い関心を寄せ、アフリカの植民地支配に乗り出した。一八八四年〜一八九五年にかけて開かれたベルリン会議を経て、ドイツ帝国はタンガニイカ（現在のタンザニアの大陸部）地域で権限がおよぶ範囲をひろげていった。タンザニア北部を流れる大河パンガニの河口付近に根拠地を置きながら奴隷貿易で財を築いたアラブ人のアブシリは、ドイツの植民地の規制に反発して一八八八年にアブシリの反乱をおこした（根本 二〇二〇）。また、一九〇五年にはタンザニア最大のルフィジ川の源頭部周辺一帯を居住域としていた民族へへがやはり植民地支配に対抗してマジマジの反乱を蜂起した。いずれも驚異的な抵抗をみせたものの、結局は近代的な兵器に制圧され、その後ドイツ植民地帝国の支配は第一次世界大戦におけるアフリカ戦線が終結する一九一八年まで続いた。戦後のタンガニイカはイギリスの委任統治領下に置かれることになったが、一九六一年に独立を果たし、一九六四年にはザンジバル人民共和国と連合してタンザニア連合共和国となった。

イギリスの委任統治下にあった一九三六年には、インド洋沿岸で急成長する都市タンガやケニアのモンバサへの送電をおもな目的として、ドイツの電力会社がパンガニ川に水力発電所の建設を計画した。そして、独立後の一九六四年にはパンガニ川の中流に発電量二一メガワットを誇るハレ水力発電所が完成した(1)。当時の日本でも、その前年の一九六三年に出力二五〇メガワットの黒四ダムをはじめ、大型の水力発電所が各地に次々と建設されていったように、世界は水力発電の大規模化の時代に入っていった。タンザニアでも大規模な発電所の建設が続き、一九六七年にニュンバ・ヤ・ムング水力発電所（パンガニ川水系：八メガワット）、一九七六年にキダトゥ水力発電所（ルフィジ川水系：二〇四メガワット）、一九七九年にムテラ水力発電所（ルフィジ川水系：八〇メガワット）、一九九四年にニュー・パンガニ水力発電所（パンガニ川水系：六八メガワット）、二〇〇〇年にキハンシ水力発電所（ルフィジ川水系：一八〇メガワット）が建設されて稼働している。大型の水力発電所は北欧をはじめ、西欧や世界銀行から全面的な経済的・技術的支援を受けて実現しているのだが、そのいずれもが植民地支配に激しく抵抗したアブシリやへへ民族の拠点地域に集中しているのは皮肉な偶然である。

タンザニアの電力の約四〇パーセントを上記の水力発電所がまかなっており[2]、今も全国の数ヵ所で大規模な水力発電所が建設されていて、水力への依存はますます高まっている。そのことは同時に、水源涵養林の重要性が高まっていることを意味するのだが、一般の消費者が電気と林の関係を意識して生活することはない。自分たちが使う電力や動力が身近でつくられてはじめてエネルギーの生産と消費の関係を意識することができる。地域水力はそういう機会を提供する場でもある。

第四節　農村地域に浸透する水力の利用――

タンザニアの電力を統括するタンザニア電力供給公社（TANESCO : Tanzania Electric Supply Compay Limited）

は、水力発電所近くの都市には送電線で電気を供給するいっぽう、配線が困難な遠隔の地方都市には小さな火力発電所を建てて、一日の限られた時間だけ役所や病院などの公共施設のほか、電気料金が払える家庭、会社のオフィス、工場などに電気を供給している。かつては電気の供給が停まると、空き缶をアルコールランプ風に加工したコロボイと呼ばれる容器で灯油を燃やして灯りをとったが、最近は安価なソーラーパネルが出回るようになって、停電時の電源として使われるようになっている。

一九世紀から二〇世紀にかけて、西欧列強の思惑を背負った著名な探検家たちがアフリカの未踏の内地に分け入り、宣教師たちがそのあとを追って各地で布教活動を展開した。二〇世紀初頭は、各宗派が先を争って教会を建設し、宣教師たちはそこに生活の拠点を構えつつネットワークをひろげていった。その際、西欧のすすんだ生活を現地の人たちに見せて伝えるのも重要な布教活動の一つであった。レンガ造りの明るい家に住み、パンやソーセージを食べ、ベッドで暖かい毛布にくるまって眠る日常生活を、教会の使用人たちは憧れの眼差しで見ていたにちがいない。やがて電気のない周縁地域では、近くの川の水力を動力源や発電源として利用する教会が現れてきた。タンザニア南部のルヴマ州ソンゲア市の近くにあるローマ・カトリックのペラミホ大修道院(3)では、二五キロメートルほど離れたルヴマ川に独自の水力発電所を設けて、広大な大修道院の全電力をまかなっていた。タンザニアの農村に水力利用という新しい技術・概念を持ち込んで、その普及に重要な役割を果たしたのがキリスト宣教会であったことは疑う余地もない。以下では、それをいくつかの事例で紹介し、その影響について考えてみたい。

ルヴマ州ムビンガ県のハイドロミル

カトリック教会と密接にかかわりながら、さまざまな側面から住民の暮らしを支援している国際NGOカリタスは、ルヴマ州ムビンガ県に水力を利用した穀物製粉機ハイドロミルを導入した。最初はペラミホなどの大きな修道院に導入された技術と思われるが、カリタスは二〇〇〇年までにそれを県内六ヵ所に設置し、住民に廉価な穀物製粉を提供していった。かつてタンザニアでは、アフリカ原産のシコクビエやモロコシが基幹作物（主要なカロリー源）であった。これらの作物の穀粒は小さくて硬いため、農民は水に浸して柔らかくしてから杵と臼で搗いて粉砕し、そのあとサドル・カーンで磨りつぶして製粉していた。そうしてできた穀物粉を熱湯で練って団子状にしたものが、タンザニアの主食ウガリである。小さな穀粒の製粉は重労働であったが、トウモロコシが主食としてひろまり、また一九八〇年代には農村にもディーゼル製粉機がゆっくりではあるが普及していったことで、サドル・カーンは消えていった。ディーゼル製粉機の普及は女性をつらい製粉作業から解放したが、そのいっぽうでディーゼル価格の上昇にともなう製粉代の値上がりが農家の生計を圧迫していった。一九七〇年代はオイルショック、ウガンダ戦争への出費、相次ぐ干ばつ、ウジャマー村（集村化）政策の失敗、汚職などによってタンザニアの財政は疲弊し、一九八五年一〇月には初代大統領ニエレレが退任に追い込まれ、アフリカ型社会主義の理想を掲げたタンザニアは、世界銀行やIMF（国際通貨基金）の指示に従って自由経済に方針転換した（伊谷・黒崎 二〇一一）。経済が大混乱する時代に、カリタスのハイドロミルは農民に驚きをもって受け入れられたことは言うまでもない。ハイドロミルに適した場所が次々とみいだされ、県内各所に設置されたことで多くの県民がハイドロミルの存在と「水力」というものを目の当たりにすることになった。その衝撃は大きく、地方で何かが動き出したような気がしたのを覚えている。技術の伝播を考えるうえで、「見ること」のインパクトについてもっと深く考える必要があるのだろうと感じた。

ハイドロミルで使われたのは水流の衝撃を利用するペルトン型の水車であった。河川に設けた取水口から等高線に沿って水平に水をひき、その先に設置した小さな貯水池から谷底へ向けて一気に水を落とし、その衝撃で水車を回転させる。その回転を製粉機に連結することで、製粉機の刃が回転してトウモロコシを破砕・製粉するという仕組みになっている。落差があればディーゼル製粉機よりも速く、いくつかの消耗品を取り替えながら適切にメンテナンスすれば永く使うことができる。一九九九年からJICAのプロジェクト方式技術協力を主導していたタンザニア・ソコイネ農業大学の地域開発センターは、カリタスの活動に着目し、コミュニティが主導できる活動としてハイドロミルを選び、その住民運営をとおして地域連携の強化と環境保全への主体的な取り組みをすすめていった。ルヴマ州ムビンガ県K村での試みは、本書第六章で詳述している（口絵2、口絵15）。

ムビンガ県はタンザニアでも屈指のコーヒー産地として知られ、農家の年収はけっして低くはなかった。ただ、コーヒーの価格は世界市場の影響を受けて大きく変動し、ブラジルの豊作によってムビンガの庭先価格が突然暴落することも、逆に高騰することもあった。「貯金」がまだ普及していなかった一九九〇年代初頭の田舎の農村では、コーヒーからの収入が農民の暮らしを揺さぶり続けた（黒崎 二〇一一）。八月にコーヒーを売って百万シリングを手にしてビールを浴びていた農家が、同じ年の一二月には五〇〇シリングの石鹸を買えないということはふつうにみられた。こうした生計の変動幅を小さくするために、コーヒー収益を小さな事業に投資して、一日の収入はわずかでも年間をとおして現金を手にしたいと考える農家が増えていった。ディーゼル製粉機もそのひとつで、機械に投資して製粉所を開設すれば毎日少額ではあるが安定的に製粉料が見込める。しかし、このすばらしいアイデアに多くの農家が飛びついたおかげで、一五〇世帯の村に一五軒の製粉所が乱立するといった事態を招き、客を奪い合ったすえ、その多くが維持費すら払えなくなって廃業していった。村には使われなくなったディーゼル製粉機がいたるところでほこりをかぶっていた。

あるとき、小学校の教員を定年退職して故郷の村に戻って隠居生活を送っていたN氏は、カリタスのハイドロミルを見学に行った。その帰り道にムビンガ市街地に立ち寄って、鉄工所の知人に手伝ってもらって水車と導水管を自作する算段をつけ、村に水路を掘って水車小屋を建てた。そして、村で放置されていたディーゼル製粉機と水車と導水管を連結して、わずか数ヵ月で製粉所を造りあげた（図1―2）。これが、タンザニアの住民が完全に主導して水力を利用した、私の見た最初の事例だと思う。この試みはのちに他村の発電事業にも影響を与えていくことになる。その詳細は本書第四章でも述べている。

ンジョンベ州の水力利用

一八九一年にはキリスト教ルーテル派ベルリン宣教会がタンザニア南西部のニャサ湖周辺で布教活動を開始し（小泉　二〇〇二）、また一八九八年にはカトリック教会のベネディクト修道会がニャサ湖の東側（ルヴマ州）にペラミホ大修道院を建てた[4]。ベルリン会議のあと、ドイツはタンザニア本土の統治を本格化し、そ

図1－2（上）水力製粉機（ハイドロミル）
（下）水路の水を水車小屋に引き込む（左）
（ともにタンザニア・ルヴマ州）

れと併行してドイツ系宣教会は布教活動を活発化していった。ただ、タンザニアのキリスト教化を主導したドイツ系宣教会は、ブレーメンで開かれた宣教会議において、帝国主義的ナショナリズムとは一線を画すこと、そして民族ごとの慣習をキリスト教に即したかたちに変容させることでアフリカ社会でのキリスト教の定着を図っていくことを申し合わせていた（小泉 二〇〇二）。二〇世紀初頭にマジマジの反乱のようなドイツとタンザニアの戦いの歴史はあったにせよ、この取り決めのおかげで、両国の関係は二つの世界大戦を越えて今日まで良好に続いていると言ってよいだろう。

技術にまつわる布教の事例をあげておくと、カトリック教会はペラミホ大修道院を拠点に南部高地の辺境の村々にまで修道院を建ててキリスト教の教義を伝えるとともに、そこに併設された各種の職業訓練校（黒崎 二〇一四）の運営をとおしてさまざまな技術をタンザニアの住民に伝えていた。ンジョンベ周辺の教会では、急峻な地形を活かして古くから水力の利用が試みられてきた。ンジョンベ州ルデワ県では、こうした教会の技術を模倣した住民の主体的な取り組みが各所でみられる。ある村の小学校の校長は、昼間に水力で製粉機を動かし、暗くなると水車のベルトを発電機につなぎ換えて村に電気を提供していた。ルデワ県でのこうした自発的な動きは、本書第四章で詳しく紹介している。最近では教会が政府やＮＧＯと協力して、住民の主体的な水力発電をサポートするようにもなっている（Ahlborga and Sjöstedtb 2015）。先に一〇メガワット以下のミニ・グリッドが国内にひろがっていることを紹介したが、地域水力発電を統合したさらに小さなグリッドが分散型エネルギー体制の構成要素となっていく可能性もあるだろう。

高原に設置された水撃ポンプ

先に紹介した添水（唐臼）のように、水車を使わない水力利用が他にもある。一九世紀初頭にイギリスで開発された水撃（water hammer）ポンプは，管内の水の流れを急に止めたときに瞬間的に高まる圧力を利用して揚水するもので（図1－3）、揚水ポンプなどがない時代にヨーロッパの一般家庭に広く普及した。一八九七年には「人びとの百科事典（The People's Cyclopedia）」が、人類の歴史でもっとも重要な五五の発明品の一つにこの水撃ポンプを選んでいる（鏡・出井・牛山 一九九九）。

この大発明は電動ポンプの登場によってヨーロッパからは姿を消したが、植民地期にタンザニアに伝えられた可能性は高いと考えている。水撃ポンプには弾力と応力に富んだゴムが欠かせないが、一九世紀末からヨーロッパで急速に普及した自動車のタイヤに天然ゴムが使われるようになり、ドイツやイギリスの植民地政府は雨の多いインド洋沿岸地域に天然ゴムの原料となるパラゴムノキ（*Hevea brasiliensis*）のプランテーションを競って開いていて、その痕跡を今も見ることができる。タンザニアでは、ドイツの植民地期にはすでに当時としては貴重なゴムを手に入れることができたのである。青年海外協力隊員としてタンザニアに赴任していた私の知人は、一九八三年にンジョンベの後背山地で白人が経営していた綿羊牧場でこの水撃ポンプが使われていたのを見ている。そして現在、ンジョンベの市街地で小さな鉄工所を営む職人親子が水撃ポンプを製作販売している。父親は水撃ポンプを自分が発明したと言っていたが、息子によると教会のワークショップ（工房）で習ったようだった。ルーツはともあれ、水撃ポンプが水を揚げるメカニズムは理解しにくく、ポンプの製作を修得できたのはこの父親だけで、その技術を今に伝えた唯一の職人であったことは間

図1－3　水撃ポンプ（タンザニア・ンジョンベ州）

違いない。

水撃ポンプの最大のメリットは、取水口とポンプまでの落差の何倍もの高さにまで水を揚げることができるという点である。ンジョンベの市街地は急斜面にできた細長い台地の上にあるため、谷底の湧き水を汲むために毎日何度も急坂を上り下りしなければならない。そこで職人（父）は、小さな湧水地から流れ落ちる約六メートルの落差（位置エネルギー）を利用して標高差二八メートルもある住宅地のタンクに水を揚げ、周囲の住民に二〇リットルのバケツ一杯の飲料水を五〇〇シリング（約二五円）で販売していた。一日に四〇〇〇リットルほど汲みあげることができるので、それ一基で毎月三〇万シリング（一万五千円）の収入があるのだという。息子は水撃ポンプを製作販売しつつ、やはり川から汲み上げたきれいな水を販売してかなりの収入を得ていた。産業革命時に発明された技術が、ンジョンベ特有の地形を利用して現代社会で活用され、大きな収入をもたらしているのは興味深い。自然エネルギーが主流となる時代には、化石燃料が発見される前に見いだされた発明を再発掘して活用していくことも必要になるだろう。

第五節　所有者のいない林を守る

小規模な水力利用がひろがりをみせるいっぽうで、アフリカには水源が乏しくて安定しないという根源的な課題を抱えている地域が少なくない。年間をとおして水力を利用するためには水量が安定している必要があるが、アフリカ大陸のなかで広大な面積を占める半乾燥地域では一年のうち半年間はまったく雨が降らない。乾季の水源は、雨季に降った雨のうち、土壌にしみ込んだ一部にすぎない。そのため、表流水を減らしてできるだけ多くの水を土壌に貯め込みたいのだが、それを左右しているのが林である。アフリカの半乾燥地では農地を拡大するために貴重な林が伐り拓かれ、草地化・砂漠化が進行している。タンザニアでも焼畑を禁止して植林事業にも取り組んできたが、人口増加といったアフリカ諸国に共通する事情とともに、地域経済の停滞（池野 二〇一〇、掛谷 二〇一一）や土地保有制度の変容（池野 二〇一七）という社会経済的な理由が複雑に絡み合って林の減少に歯止めがかかっていない。土地保有の問題は後述するとして、以下では、タンザニア農村の経済と林の関係を概観してみたい。

タンザニアでは世界銀行などから財政的な支援を受けつつ、食料自給や環境保全などの目標を掲げながら化学肥料やトウモロコシの改良品種に補助金を出して農業の「近代化」を図ってきた。しかし、雨水に強く依存する農耕様式のなかで、農業資材への投資はリスクをともなう。基幹食物の売却を主要な収入源としている地域では、食用畑に資金を投入して食と経済を同時に潤すことができるかもしれないが、その反面、食と経済の両方を失う危険性もある。降雨量が多すぎても少なすぎても化学肥料の施用効果は現れにくく、また広い地域で適度に雨が降れば生産過剰となって農産物の価格が下がり、いわゆる豊作貧乏の状態に陥ってしまう。農業生産が天候に強く依存したまま市場経済とつながってしまうことで農家の生計はますます安定性を欠く。農家は、自分の地域だけが豊作で周囲が凶作になったときだけ収益が得られるといういびつな構図に気づかないまま、つねに豊作だけを祈念して農業資材を投入し、それが叶わなかったときに備えて毎年林を開墾して、化学肥料を必要としない新しい畑で食料を確保しているのである。

一九九〇年代にアフリカ各国でみられた低湿地や河岸湿地での急速な耕地拡大は、農業の近代化政策の停滞や市場経済のひろがりに対処しようとするアフリカ農民のあがきであった（伊谷 二〇一四）。かつて地域の住民が放牧地として共有していた季節湿地は、排水溝を造成することで個人の畑地に転換され、それが住民同士の諍いを招くこともあった（山本 二〇一三）。一九九〇年代から二〇〇〇年代は、価値観や在来の制度、農耕様式が大きく変貌し新たなしくみがつくられていく時代だった。

タンザニア南部のルクワ湖はムサンガーノ・トラフと呼ばれる大地溝帯の底にできた内陸湖で、湖畔地域には二〇〇〇年前後から水田がひろがっていった。私はそうした地域のU村に通って稲作のひろがりと環境の関係を調査した。湖畔はかつて湖底であったと思われ、粘土に富んだ堅い難透水性の地盤が土壌の浅い層を覆っていた。この地盤は乾季になると乾いてコンクリートのように堅くなって植物根の貫入を許さず、いっぽう雨季には地表にいつまでも水を滞留させ、樹木の生育にはじつに厄介な状態をつくる。そのような場所には、乾燥にも湛水（根の酸素欠乏）にもよく耐えるアカシア（*Acacia tortilis* [*Vachellia tortilis*]、*A. tanganyikensis* など）の林が形成される。水はけの悪い土地は畑作には適さず、農耕民ワンダはそこを耕作の対象地とはしてこなかった。一九八〇年代にウシの大群をひき連れてタンザニア北部から移住してきた農牧民スクマは、先住していたワンダとの争いを避けるため、ワンダの集落とは少し距離をおいたアカシア林のなかに居を構えてひっそりと暮らし始めた。アカシア林は確かに畑地には向いていなかったが、スクマはそこに稲作水田をつくっていった。難透水性地盤の存在は水田の漏水を抑えるのに都合がよく、雨水だけでもイネはよく育ち、米飯がスクマの基幹食物となっていった。

構造調整政策が始まった一九八六年以降、それまで穀物の公的な流通を担ってきた国家製粉公社は、村まで農産物を買い付けに来なくなり、一九九〇年代初頭に解体された（池野 二〇一〇）。代わって民間の流通業者が穀物を求めて村を訪れるようになると、スクマは精力的に水田をひろげ、都市で需要が高まっているコメを増産していった。その甲斐あって、二〇〇〇年頃にはルクワ湖周辺は良質米の産地として全国にその名が知られるようになり、収穫シーズンにはトラックが大挙してやって来るようになった。ワンダもスクマからウシを借りて牛耕による商業稲作に参加した。もともと利用価値がなかったアカシア林には保有権が希薄であったため、人びとは先を争って林を開墾するようになり（図1–4）、稲作が地域経済を力強く支えるいっぽうで、広大なアカシア林は急速に伐り拓かれていったのである（神田 二〇一一）。

図1－4　水田を開くためにアカシアの樹皮を環状に剥ぎ取って枯らす（タンザニア・ルクワ湖畔）

ウシをほとんど飼わないワンダにとってアカシア林はもともと利用価値がなかったが、農牧民スクマにとってアカシアの林床は乾季に牧草を提供してくれる貴重な放牧地であり、アカシアの莢は乾季の貴重なタンパク飼料であった。さらに、湿地で大繁殖する水生ミミズがアカシア由来の有機物を分解することで水田に養分を供給してコメの品質と収量を支えてきたのだが、われ先にアカシア林を開墾しようとするなかで養分のことなど気にする者はいなかった。アカシア林の減少を危惧した私は、ウシの糞で発芽した *A. tortilis* の種子を乾季に集めて苗をつくって雨季に移植してもらったが、ちゃんと管理してくれる人もないままヤギに食べられて一瞬で消えてしまった。

この地域が一大米作地帯になったのには、いくつかの偶然が重なったことによる。まずこの堅い粘土質土壌を耕すのには牛耕が欠かせない。タンザニアでは珍しく、移住してきたスクマは役牛を大量にもっていた。

難透水性の地盤は水を貯めるのに都合がよいが、排水性の悪い土地としてだれも使わないまま残っていた。この地域の経済発展は、スクマの移住をきっかけとして、アカシア林（排水の悪い土地）―牛耕―稲作（経済価値の高いコメ）が偶然融合したことによる。しかし、稲作からの収入を重視するがあまりアカシア林を乱伐し、ウシの飼料とイネの養分をともに減らし（掛谷・伊谷 二〇一一）、自ら生産性を落としていくという事態を招いてしまったたのである。

タンザニアの農村を歩いてみると、地方が経済発展する裏側でいつも自然林が失われていることに気がつく。「持続可能」という言葉が農村開発の枕詞のように使われることで、その本当の意味が深く考えられなくなったように思う。U村の事例でみるように、自然資源に依存して生きる社会において持続可能性を脅かしているのは、だいたいにおいて当事者自身である。この例に則して「持続可能な農村開発」を言い換えてみると、「所有者のいない自然林を地域住民（自分自身を含む）から守りながら、それを使って生活水準の向上を目指す活動（試み）」というふうに表現してもあまり間違っていないだろう。自分自身が環境の破壊者であることに気づくことは重要である。しかし、そのことに気づいたからといって自律的に生きられるとはかぎならい。

次の節では、水力発電にかかわる活動をとおして、住民が環境劣化の実態に気がつき、経済と環境が強くリンクした活動に着手していこうとする事例を検討してみる。

第六節　水力発電によって気づいたこと――

アクションリサーチ

ルクワ湖の南側には、タンガニイカ湖東岸とニャサ湖西岸をつなぐ落差五〇〇メートルの断崖が屏風のように連なっていて、さらにその南方はなだらかな丘陵がザンビアに続いている。タンザニアとザンビアの国境付近には広大な季節湿地がひろがっていて、その水が集まりモンバ川となって北へ流れ、断崖を滝となって流れ落ち、前節のU村を通ってルクワ湖に注いでいる。一九九〇年代の終わり頃から、私は滝の落ち口に比較的近いM村で生業や環境の変遷に関する調査を始めていた。この章の冒頭で紹介した雨乞い儀礼もこの村での観察である。

この時代は、タンザニアが構造調整政策を受け入れて（一九八六年〜）、世の中の体制が社会主義から資本主義へと大きく転換するなかで、農民もまた市場経済の荒海へ放り出され、国家財政だけでなく農村の経済も大混乱していた。収入源をもたない地域では、売れる物は何でも売って現金を手に入れなければならない。自然林に囲まれた地域では、炭焼きがもっとも手っ取り早い現金稼得の手段であり、村人は先を争って木を伐り倒し炭を焼いた。調査を続けているときはいつも、村のどこかから斧を振るう音が聞こえ、林が目に見えて後退していった。二〇〇〇年代に入っても自然の攪乱は続いていて、食用の動植物やキノコ、有用な材木はことごとくとり尽くされた。

私は、人びとの自然観や、生業を介した自然との向き合い方を研究していたのだが、資源が次々と枯渇していくなかで、調査のやり方の変更を余儀なくされた。そこで一計を案じ、地域の課題解決に資するアクションを住民とともに企画し、新しい活動の協働をとおして、これまでの生き方との違い、そしてこれからの見通しなどについて一緒に考えてみることにした。まず家を訪ね歩いて村が抱えるさまざまな問題を抽出し、そのうえで村人を集めて会合を開き、問題間の関連性について議論した。関連するいくつかの問題を一つの問題群としてまとめ、その問題群の解決策を村人と構想し実践していった。試行錯誤を繰り返し失敗の原因を議論するなかで、自然資源に対するこの地域特有の捉え方などもみえてきた。参与観察ではなかなか表面化しない在来のやり方や考え方が、新しいこと（アクション）への取り組みを実践してみることで顕在化してくることもあった。基礎調査があってのアクションリサーチだとは思うが、変動の時代には人びとの思考や行動の淵源に触れる有効な調査手法の一つであろう。

彼らは身のまわりの自然現象をよく観察し、その情報を古老から伝え聞く「理屈」と結びつけながら体系化しているようにも思えた。「理屈」には祖霊や精霊の性質や力が深く関わっていて、祖霊・精霊の反応は、雨・突風・落雷・魚・昆虫・野生動物・病気・旅人といったメッセンジャーによって人びとに伝えられる。新しいアクションをおこしたら、祖霊・精霊の反応を気にしなければならない。何もなければよいが、災いが起これば住民はたちまちやる気をなくしてしまう。冒頭で紹介した「林を過度に攪乱すると精霊が怒って雨を止めてしまう」という認識も、アクションとリアクションの歴史的な累積から創り出された言説なのであろう。その由来を確かめることは難しいが、何かアクションをおこすならば、彼らが共有している認識を知っておかなければならない。

植林が抱える課題

私たちは、いくつかの問題群への対策を併行して実施していった。活動はどれも試行段階ではあるが、植林（とくに果樹）、発電（とくに水力）、畜産（とくに感染症対策）、農業（とくに有機肥料の生産）、農産物流通（とくに貯蔵）など、その内容は多岐におよんでいた。植林には当初から力を入れていて、ムベヤ市郊外にある国立・私立の育苗センターから有用樹の苗を仕入れてM村で環境適応性を調べたりもしていた。植林ひとつとってみても、木を植えることがもつ社会的な意味、食生活における果実の位置、自然林との違いなど、知りたいことは山ほどあった。しかし、多くの住民は日々の生活に追われて、生育の遅い樹木の植栽にはあまり気乗りしない様子だった。アボカドなどの果樹も、重い果実を満載した自転車を押して一〇〇キロメートルも離れた市場まで運ぶことを考えれば尻込みするのも致し方ない。遠くから運んできた果樹などの苗を村内に植えてみたものの、活着の良否を住民に尋ねるいとまもなく、だれにも管理されないままヤギの胃の腑に収まってしまった。へき地に暮らす農民にとって、市場の需要を確認することと輸送手段を確立することは、生産と同じくらい重要なことなのである。

彼らが植林に積極的でない理由は経済や労働の問題だけではない。タンザニアでは一九九九年に制定された村落土地法によって個人の土地権が認められ（池野 二〇一七）、M村でも二〇〇五年頃から土地の境界を明確化しようとする動きが見られるようになってきた。ニャムワンガは、もともと親族で広い土地を保有していて、その構成員は親族の長から長期的に土地の使用権を譲渡されていたが、それを又貸ししたり売却したりすることは許されていなかった（Itani 2007）。一九九九年の村落土地法では、土地権を証明する土地の場所と広さは地券証書で示されるはずであったが、地図も巻き尺もないなかで土地の位置も明示できないまま、慣習的・歴史的な使用権や現行の既得権が交錯して、あちらこちらで土地をめぐる諍いが頻繁に起こるようになった。そういう緊張状態のなかでは、植林はあたかも自分の土地権（境界）を主張するかのような行為と受けとられるかもしれない。もめ事を避けるために植林を牽制し合うような雰囲気ができあがっていた。ただ、曖昧な境界にたいする不満がひとしきり出尽くしたあとは、土地の境界が明確になったことは植林を促すように作用したかもしれないが、このことについては別稿で論じることにする。

植林を直接的に妨害する要因には家畜の食害がある。雨季にはだれもが作物を育てるので、牧童が家畜（ウシ、ヤギ、ロバ）を定められた放牧地に連れて行って見張るのだが、作物の収穫が終わると家畜は畑の刈り跡に放たれる。夕方になると家畜は自分の家畜囲いや小屋へ勝手に帰って行くが、その途中で植林された稚樹を見つけると食べてしまう。家畜は非常時の大切な収入源であるため多くの世帯が飼っているが、労働力の少ない世帯では家畜の行動にまで目がいき届かないので、家畜と植林をめぐるもめ事はあとを絶たない。村では家畜の食害に罰金を科してはいるが、家畜の重要性を訴える声の方が大きくてほとんど効果がない。

水力発電の試み

経済活動がますます重要になっているアフリカ農村において、都市での求人や市場における農産物価格の現状を知るうえで携帯電話は重要なツールとなっている。二〇一九年に実施した調査では、M村の三六パーセントの世帯が携帯電話をもち、三〇パーセントの世帯が自分のソーラーパネルで携帯電話を充電していた（表1―1）。ソーラーパネルの高い普及率は最近になってソーラーパネルの値段が急に安くなったためであって、数年前までは数人の小学校教師がもつソーラーパネルで、村にある一五〇機の携帯電話すべてを充電していた。ソーラーパネルが普及した今でも曇天が続くと充電できないので、雨季には「ただ携帯されているだけの電話」が増える。雨が降ると道が荒れて町との往来が減るうえ電話も使えないので、町の情報は格段に減ってしまう。それだけにソーラーパネルが普及しても、水力発電に対する住民の関心は高い。

二〇〇九年に住民たちと水力発電について話したあと、私はまず日本の小水力発電を見て回ることでその実態を少し把握できた。タンザニアでは二〇一〇年の乾季に、上述したンジョンベ州のルデワ県で地域水力が実用的に運用されているという情報を得てM村の住民と視察に行った。そのあとムベヤという地方都市の鉄工所で職人に手伝ってもらいながら下掛け水車を自作した。ルデワ県の水車を思い出しながら鉄板の廃材で作った水車は、ちょっと重いがなかなか立派なものだった。さっそく、二〇〇キロメートル離れたM村に持って行って意気揚々とモンバ川に浸してみたが、まったく回らなかった。できるだけ落差をつけ、水流が水車の羽根に勢いよく当たるようにノズルを取り付けるなどいろいろ工夫をして少しは回るようになったが、自動車の解体業者から買ったオルタネーター（発電機）を回転させるだけの力は出せなかった。悪戦苦闘し、多くの専門家の力を借りて、ようやく二年後の二〇一二年にわずかに発電させることができた（Okamura et al. 2015）。ルデワ県と比べるとあまりにもわずかな発電で、実用化とはほど遠いものであった。

表1－1　M村で電化製品と電源関連機器を所有している世帯の数（n=415）

製品	電化製品		電源関連機器		
	ラジオ	携帯電話	ソーラー	バッテリー	コントローラ
世帯数	147	149	126	134	12
割合（%）	35	36	30	32	3

私が水車のことをよく理解しないまま、水流の衝撃で回転するような水車を勾配の小さいモンバ川に設置してしまったことが発電に手間取ったそもそもの原因だった。そこで、この水車の改良と併行して、大正時代に富山県の砺波平野で開発され、戦時中には男性労働力に代わる農作業の動力源として広く活用されていた「らせん水車」（里深・瀧本二〇一〇）を試してみることにした。らせん水車は、シャフトに巻き付けるようにらせん状の羽根を取り付けた水車で、緩傾斜の水路において回転させるものである。ムベヤ市の鉄工所でドラム缶を加工してらせん状の羽根を製作しようとしたがなかなかうまく成型できず、日本に戻って京都の伏見工業高等学校（現在の京都工学院高等学校）でらせん水車を製作する画期的な技術（アイデア）を教わり、翌二〇一二年に現地でらせん水車を作ることができた（図1－5）。らせん水車は粘り強いトルクを発生させるものの回転数が低いため、オルタネーターで発電するには増速機を取り付けるなどの工夫を要した。そして、二〇一三年にやっとモンバ川での発電に成功した（Okamura et al. 2015）。

発案から四年もかかってしまっただけに、発電したときは感無量だった。発電量はわずかだったので河原に充電用の小さな木箱を置き、その中でオートバイのバッテリー六つを半日かけて充電する回路をつくった。一ワットのLEDランプを毎日三〜四時間点灯し携帯電話も充電することを想定すると、四〇世帯が一週間に二回充電すれば連続して毎日使えるという計算になる。実際には四〇個もバッテリーがなかったので、水車を停めながら一二個のバッテリーを充電して使った。アフリカ大陸初のらせん水車は軽やかに回転し、ソーラーパネルが普及する以前の農村の食卓に灯りを届けた。それは、陰口をたたかれながら一緒に苦労してくれた村人たちにとっても大きな感動であり誇りでもあったにちがいない。「次の水車を作るときは俺も仲間に入れてくれよ」と私も村でよく声をかけられた。

発電の停止と環境劣化の自覚

大平原を悠然と蛇行して流れるモンバ川は、断崖の近くで長大な水溜まりをつくり、そこをあふれた濁流が爆音とともに空中に飛び出している。地溝帯の底のきわめて限られた範囲から、つづら折りの稜線の隙間にやっとこの白い大瀑布を望むことができる。滝口の上流にあるM村の近くでは、表土が削られて河岸には岩盤が露出している。本流の川床から岩を穿って水路を引くのは至難の業だと思う。その

図1-5　モンバ川に設置したらせん水車（タンザニア・ソングウェ州）

ため水車は本流に沿って設置することになるが、雨季と乾季の水位の差が最大で三メートルにもなるため、季節によって変化する水深と川幅に合わせて水車を移動させなければならない（図1－6）。その意味でも可動式のらせん水車はモンバ川の地形に向いていた。しかし残念ながら、水車が食卓を灯した期間は長くなかった。私が日本に帰国して一ヵ月ほど経った一〇月の初旬（一年でもっとも暑く乾いた時期）、村から電話がかかってきた。私が村を発ってから水位の低下が目立つようになり、はじめは水車を移動しながら対処していたが、とうとう流れが完全になくなって発電できなくなった。灯りのある夕飯に慣れ始めていた家族からは不平が漏れているという。古老ですら経験がない異常な事態だと騒いでいたが、私は水位計で水深を測っていたので、年々水位が下がっていることには気がついていたし、乾季の終わりにはモンバ川のところどころで水が涸れるようになっていたことも知っていた。

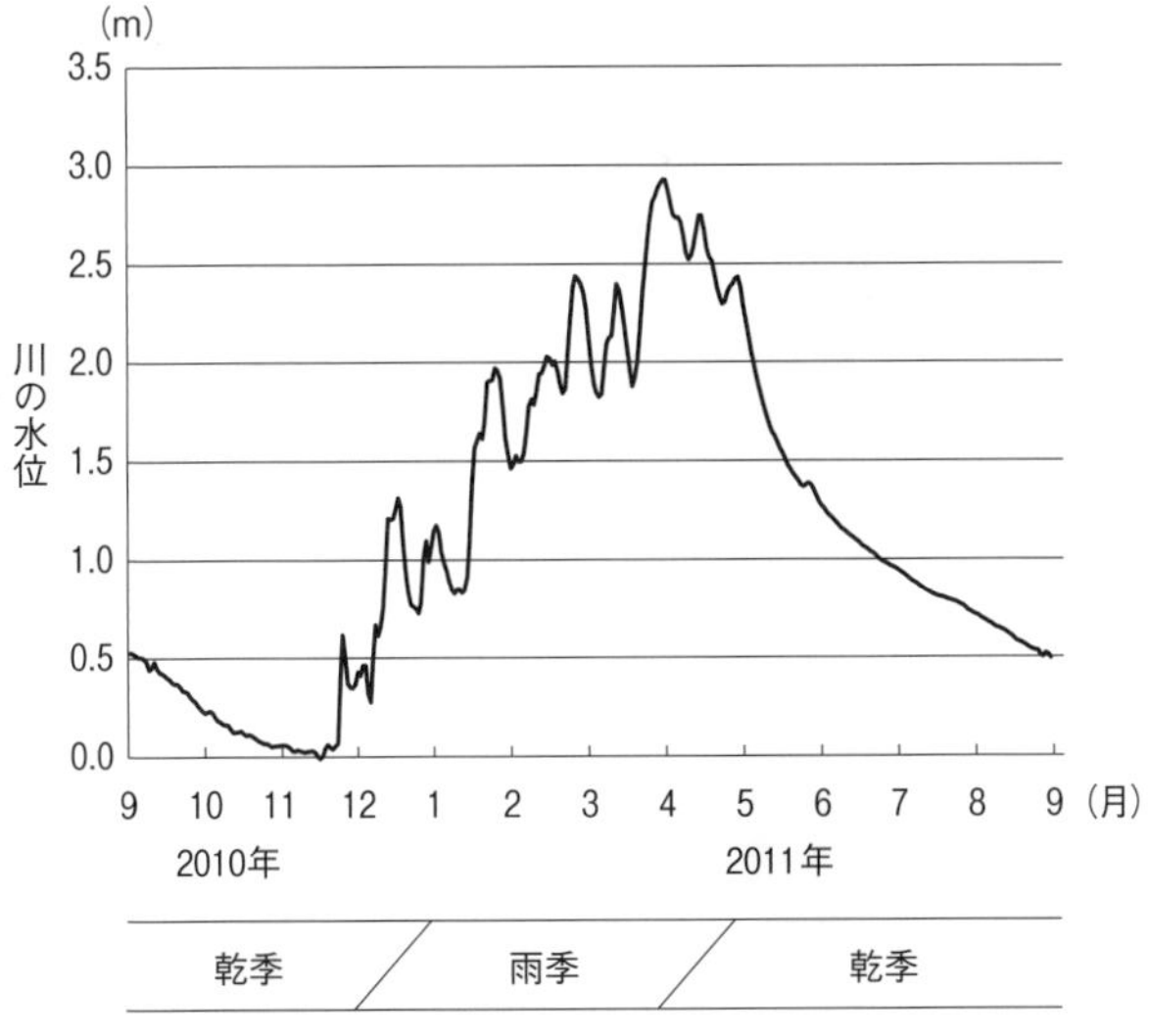

図1－6　モンバ川水位の年変動（タンザニア・ソングウェ州）

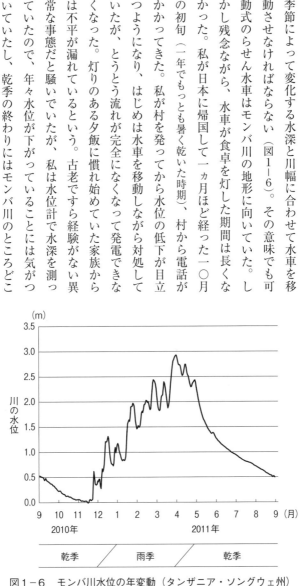

むしろ、季節のちょっとした変化にも敏感な人たちが、これほどの水位の低下に無頓着だったことに驚いた。

そう言えば、漁以外のときに川で大人の男性をあまり見かけない。雨季のはじめに水位が上がり始めると、下流の淀んだ淵にいた魚が産卵のために最上流の季節湿地を目指して一斉に遡上を始める。男たちは急流に大きなもんどりを仕掛け流れに負けて押し戻されてくる魚をつかまえる。豊漁の年は、一日に小魚を二〇〇リットルもつかまえる世帯がある。乾季になって川の水位が下がり始めると、今度は上流域で育った魚が一斉に川を下ってくる。このときももんどりで魚群を堰き止めて魚のつかみ取りに熱狂する。ただ、このとき（増水時）以外に男性が川の近くをうろつくことはない。私が村に滞在するときには週に一、二度は川で水浴びと洗濯をしていたが、寄宿先の主人はそれを好ましく思っておらず、ときどき注意されたのを思い出した。基本的に川は女性の活動域で、じつは村の大人の男性は乾季の川の水量に関心がなく、年々乾季の水位が下がる傾向にあったことをちゃんと把握していなかった。川に設置した水車が水量不足で発電が停止したことで、男性もその事実を知ることになったのである。

翌年、私がM村を訪れた乾季の前半は、川の水位がまだ高く、らせん水車は設置されていなかった。私が村に着くとすぐに発電にかかわったメンバーが集まってきて、興奮気味に乾季の状況を話し、昔の状況と比べ始めた。それは彼らがまだ幼く、母親たちに混ざって川で遊ぶことが許されていた頃の記憶だった。「かつては魚を踏まずに川を渡ることはできなかったんだ」、「八人がかりでようやくかつげるような大ナマズをつかまえたこともある」、「水遊びをしていた子どもがワニに丸呑みにされてしまった」など、乾季に干上がる川ではおよそ想像もつかないエピソードが次から次へと飛び出してきた。そして、J老人が「私たちが木を伐りすぎたから川が涸れるようになった」と言った。

この老人はキリスト教モラビアン宗派の敬虔な信者で、一九四〇年代に教会でスイス人の牧師から教わった林と水にまつわる話を覚えていて、村のなかでただひとり自分たちの土地にいろんな樹木を植えてきた。彼が育てたマンゴー園には毎年果実がたわわに実り、子どもたちを端境期の飢えから救っている。このJ老人は、一九五〇年頃にダルエスサラーム近くのサイザル・プランテーションで一年間働き、その帰り道に教会の農場ではじめて牛耕を見て、出稼ぎで得た収入の半分でウシと犂を買って村に持ち帰った。村の発展にいろいろ貢献して村では尊敬されている人物であったが、村人たちは彼のこの苦言には納得しかねる様子だった。村人ひとりひとりが伐採する木の本数は多くないし、川が急速に干上がってきているという実感も薄かった。モンバ川は多くの村のなかを流れているので、干上がる責任をM村だけが負わされるのは納得がいかない、といったところなのだろう。M村内に水源をもつモンバ川の支流はすべて乾季に涸れるのだが、私が調査を始めた一九九〇年代の中頃は乾季にも水が流れていて、車で渡るのに苦労したのを思い出した。そのことにはだれも異議を唱えず、最近になって土砂で埋まったこと、かつてはその上流が大きな林で覆われていたことを皆に想い出させていった。

水力発電の中断は、図らずも林の荒廃と川の枯渇の関係を村人に突きつけることになった。彼らも木を伐りたくて伐っているわけではない。食料と燃料、そしてわずかな収入を稼ぐために仕方なく斧を振るっているのである。しかし、環境の劣化に気がついたからといって、これまでのぎりぎりの生活を急に変えられるわけではなかった。

第七節　気づきから実行へ

保全を目的とした植林から保全を重視した林業へ

彼らと話し合いを繰り返し、危機感を共有したうえで、もう一度植林にチャレンジしてみようということになった。しかし、いくら植林の必要性に気がついたからといって、これまでのように「保全を目的とした植林」では彼らの生活を支えることはできないし、生活苦を抱えたまま植林が継続されるとも思えなかった。そもそも彼らが自ら植えた樹木の苗がヤギに食べられたり野火に焼かれたりしているのは、社会の無関心にも大きな責任がある。これまでも高い価値が認められた樹種は大切に守られてきた。ただし、その多くが高値で取引される、恐ろしく生育の遅い希少樹だった。市場価値が高い早生樹を見いだせれば、「保全を意識した林業」も可能であると考えた。そのような樹木が存在するのかどうかはわからなかったが、各地を視察して樹木の情報を集め、材木市場に出入りする材木商からも話を聞き、M村で試験的に育苗や植栽も試みながら地域の環境にあう樹木を探した。結果から先に言うと、現段階でもっとも有効だと思われる樹木は、すでにJ老人が五〇年以上前に教会からもらってM村で育てていた、センダン科の外来樹であった。

老人はその木を教会で教わったセンデレラという名で呼んでいたが、それは古い学名（*Cedrela toona*）が少し訛って伝わったもので、のちに分類が改められて、今は学名が *Toona ciliata* となっている。M村ではJ老人とその親族だけがセンデレラを育てていて、村で木挽き製材しながら建材や家具材として使っていた。

生長が速く材質も優れているので、村のだれもが知っている木なのだが、ヤギが枝葉を好んで食べてしまうので、苗を厳重に囲って特別に管理してやる必要があった。しかし、村内にセンデレラの植林がひろまらなかった最大の理由は、それに市場価値があることを、J老人を含むすべての村人が知らなかったことにある。村から一〇〇キロメートルほど離れた国境の町では、ザンビアから入ってくる天然広葉樹が盛んに取り引きされていて材木商のあいだでセンデレラは加工しやすい優良材としてよく知られた木材だった。

そこで、センデレラの市場価値を村に伝えるために、J老人が育てていた成木を二本買い取り、村で木挽き製材し、町で木工職人にソファ・セットとベッドを作って路上で販売してもらった。家具は即日のうちに売れ、家具職人の工賃・輸送費・製材費を差し引いた収益は原木のほぼ一〇倍になった。差額を手にしたJ老人が腰を抜かしたのは言うまでもないが、その噂はあっという間に村じゅうにひろまった。その年の秋にJ老人のセンデレラの木々で実った種子を取って育苗したところ、苗はまたたく間に売り切れた。その後もセンデレラの植林がひろがっていった。

こうして発電が停止したことをきっかけに、頓挫していた植林事業が動き始めたのである。そこでは植林の焦点が「環境保全」から「経済」に移っていて、理想だけでは動けないという地域経済の窮状をうかがい知ることができる。他方、水車が止まった理由が渇水によるもので、それを環境の劣化と関連づけて住民が議論した意義は大きい。彼らの自然観においても、水は循環していなければならないのだが、水車の停止は水の動きが止まりかけていることを示していた。水力発電を試みた後の植林は、経済を重視しているとはいえ、環境劣化も強く意識されている。循環する水から恒常的にエネルギーを得るためには、環境を保つことを前提としながら、コミュニティが一体となって取り組めるような体制をつくることが重要である。地域水力は小さな生態系での試みであるからこそ、その実践をとおして環境の保全と利用のあり方について考える機会を与えてくれるのである。

時計としての水車

タンザニアでらせん水車がうまく作れずに悩んでいた頃、地域水力をもう一度考え直すために大分県の小鹿田（おんた）焼の里を訪ねた。小鹿田焼は、飛び鉋《とかんな》などを使った文様が特徴的な焼き物で、華美さはないが温もりのある普段使いの陶器として愛好家は多い。一九五四年にイギリスの陶芸家バーナード・リーチが当地を訪れ小鹿田焼を世界に紹介したことで一躍有名になった。そして、水力利用の業界では、実用的に使われている唐臼が残る唯一の場所として知られている（図1-7）。

本章の冒頭でも少し触れたが、唐臼（添水）は流水を使った「ししおどし」のような上下の動作を利用する粉砕機である。長さ六〜七メートル、直径三〇〜四〇センチメートルほどもあるアカマツの丸太の一端に杵を取り付け、もういっぽうの端を桶状にくりぬいて、そこに川の水を流し込む。水の重さで桶側の端がゆっくりと沈んで、杵を取り付けたもういっぽうの丸太の端がもち上がる。桶が傾いて水がこぼれ落ちるとシーソーのように跳ね上がり、逆に杵が勢いよく振り下ろされ、地面に埋め込まれた石臼の陶土を砕くという仕掛けになっている。戦後に役所が電動式の粉砕機を設置したが、それでは陶土ができすぎてしまうので使われなかったとリーチは日記に記している（リーチ 二〇〇二）。年に二〜三回、近くの山から窯元が共同で

図1－7　陶土を粉砕する唐臼（大分県・日田市、小鹿田焼）

原土を採ってきて均等に分配する。原土の土塊は二週間ほどかけて唐臼でゆっくり搗き上げる。こうしてできた二ヵ月分の陶土が、窯元一軒が一窯で焼く量と決められている。

リーチに小鹿田焼を紹介した柳宗悦（一九五五）は、著作『日田の皿山』のなかで、小鹿田焼の里を訪れたときの印象を次のように記している。

峠を降りて村に入れば耳に聞えるのは水車の響きである。焼物の土を砕くのである。音の間はいたく長い。大きな受箱が少しの水を待っている。急ぐ用もないのである。待ちどおしく思うのは吾々の心だけと見える。だがこの緩やかな音があってこの窯があるのである。もしせからしい機械が入って来たら、この村はたちまちつぶれるであろう。機械に職が奪われてしまうからである。狭い谷間は家のふえることをすら防いでいる。早く機械が動いたなら生産の過剰に、たちまちものがはけなくなるであろう。この村とこの窯とには、待ちどおしい水車が一番仕事を助ける。

私も柳の旅を追体験しようと思い、小倉駅から日田彦山線に乗り筑前岩屋駅で下車し、歩いて金剛野峠（トンネル）と乙舞峠を越えて村に入った。村を流れる大浦川の上流にバスがUターンするためのスペースを兼ねた小さな駐車場があって、そこまで来てようやく集落が見えた。その直後、「ザァー、ギィ、ィー、ゴトン、トン」という音がすぐ足もとから響いてきた。水のこぼれる音と角材がすれる音と杵が石臼を搗く音が交錯する。少し静寂があって下流から複数の音の塊が重なりながら聞こえてくる。集落全体で一つの旋律を奏でながら、正確に時を刻んでいるのであろう。二〇一七年七月に日田地方を襲った九州北部豪雨は皿山の唐臼を一四基も破壊してしまった。しかし、その一年後には流された唐臼のほとんどが再建され、陶土作りを再開したという記事を読んだ。皿山の資源を守るためには、唐臼のゆっくりとした動きが必要なのだろうと思いながら柳の文章を想い出した。唐臼の響きをとおして水が循環する速度を集落が共有しているのだろう。

水は蒸発して雲をつくり、雨となって地上に落ち、土にしみ込んで木々を育みながら川に流れ、湖や海にいたる。砂漠化がすすむアフリカでは、こうした水の循環が途切れ始めている。M村の人たちは、そのことに水車が止まったことで気がつき、生計の向上と環境の修復を兼ねて植林に着手した。人が林産資源やエネルギーを消費する速度に比べれば、林が再生する速度はとてつもなく遅いのだが、水の循環を維持するためには樹木の生長速度に従わなければならない。ひと昔前のアフリカでは、フィールドワークの多くの時間を待つことに費やした。「速い」ことには価値がなく、ゆったりと時間が流れていた。いつしか待つことはアフリカでも苦痛となって、「待ち遠しい」という感覚さえ忘れかけている。林の再生には、地域水車のようなゆったりとしたリズムを取り戻すことが重要なのかもしれない。

引用文献

日本語文献

池野旬(二〇一〇)『アフリカ農村と貧困削減――タンザニア　開発と遭遇する地域』京都大学学術出版会。

池野旬(二〇一七)「現代タンザニア土地政策の構図」(武内進一編『現代アフリカの土地と権力』アジア経済研究所)、一七三〜二〇〇頁。

伊谷樹一(二〇一一)「ミオンボ林の利用と保全――在来農業の変遷をめぐって」(掛谷誠・伊谷樹一編『アフリカ地域研究と農村開発』京都大学学術出版会)、一四六〜一七四頁。

伊谷樹一・黒崎龍悟(二〇一一)「ムビンガ県マテンゴ高地の地域特性とJICAプロジェクトの展開」(掛谷誠・伊谷樹一編『アフリカ地域研究と農村開発』京都大学学術出版会)、二八五〜三〇〇頁。

伊谷樹一(二〇一四)「農学(総説)」(日本アフリカ学会編『アフリカ学事典』昭和堂)、五五〇〜五六一頁。

鏡研一・出井努・牛山泉(一九九九)『水撃ポンプ製作ガイドブック』パワー社。

掛谷誠(二〇一一)「アフリカ的発展とアフリカ型農村開発の視点とアプローチ」(掛谷誠・伊谷樹一編『アフリカ地域研究と農村開発』京都大学学術出版会)、一〜二八頁。

掛谷誠・伊谷樹一(二〇一一)「アフリカ型農村開発の諸相」(掛谷誠・伊谷樹一編『アフリカ地域研究と農村開発』京都大学学術出版会)、四六五〜五〇九頁。

加藤政一(二〇一五)「日本の電力系統」(『電気設備学会誌』三五巻一二号)、八三五〜八三八頁。

神田靖範（二〇一一）「タンザニア・ボジ県ウソチェ村」（掛谷誠・伊谷樹一編『アフリカ地域研究と農村開発』京都大学学術出版会）、三七一～四一〇頁。

黒崎龍悟（二〇一一）「住民の連帯性の活性化」（掛谷誠・伊谷樹一編『アフリカ地域研究と農村開発』京都大学学術出版会）、三二四～三四八頁。

黒崎龍悟（二〇一四）「タンザニア・マテンゴ高地における植林の受容と継承——外来技術の在来化をめぐる一視点」（『国立民族学博物館研究報告』三九巻二号）、二七一～三一三頁。

小泉真理（二〇〇二）「国家・教会・人々——タンザニアにおける信仰覚醒運動の展開」（『アジア・アフリカ言語研究』六四号）、一九三～二一六頁。

里深文彦・瀧本裕士（二〇一〇）『甦るらせん水車 マイクロ水力発電への可能性を探る』、パワー社。

西野寿章（二〇二〇）『日本地域電化史論』日本経済評論社。

根本利通（二〇〇二）「パンガニ」（『スワヒリ世界をつくった「海の市民たち」』昭和堂）、八一～八八頁。

三輪茂雄（一九八六）「臼の目に誘われて」（室田武編『まわる、まわれ、水ぐるま』INAX）、二〇～二四頁。

三輪茂雄・下坂厚子・日高重助（一九八五）「太宰府・観世音寺の碾磑について」（『古代学研究』一〇八号）、五～一一頁。

室田武・河野直践・桝形俊子（一九八六）「座談会　水車から何が見えるか」（室田武編『まわる、まわれ、水ぐるま』INAX）、四～一九頁。

山本佳奈（二〇一三）『残された小さな森——タンザニア　季節湿地をめぐる住民の対立』昭和堂。

柳宗悦（一九五五）『日田の皿山』日本民芸館。

リーチ、B（二〇〇二）『バーナード・リーチ 日本絵日記』柳宗悦訳、講談社学術文書。

レイノルズ、T・S（一九八九［一九八三］）『水車の歴史——西欧の工業化と水力利用』末尾至行・細川𣴎延・藤原良樹訳、平凡社。

欧文文献

Ahlborga, H. and M. Sjöstedtb (2015) Small-scale hydropower in Africa: Socio-technical designs for renewable energy in Tanzanian villages. *Energy Research & Social Science*, 5: 20-33.

Goody, J. (1971) *Technology, Tradition and the State in Africa.* Oxford University Press, London.

Itani, J. (2007) Effects of socio-economic changes on cultivation systems under customary land tenure in Mbozi District, southeastern Tanzania. *African Study Monographs Supplementary issue*, 34: 57-74.

Odarno, L., E. Sawe, M. Swai, M.J.J Katyega and L. Allison (2017) *Accelerating Mini-grid Deployment in Sub-Saharan Africa: Lessons from Tanzania.* World Resources Institute, Washington, DC. (https://www.wri.org/news/2017/10/release-report-tanzania-mini-grid-sector-doubles-bold-policy-approach)（二〇二〇年一一月参照）

Okamura, T., R. Kurosaki, J. Itani and M. Takano (2015) Development and introduction of a pico-hydro system in southern Tanzania. *African Study Monographs*, 36(2): 117-137.

Starkey, P. (2000) The history of working animals in Africa. In R. M. Blench and K. MacDonald, (eds), *The Origins and Development of African Livestock: Archaeology, Genetics, Linguistics and Ethnography*, pp.478-502. University College London Press, London.

注

（1）TANESCO, *Generation.* http://www.tanesco.co.tz/index.php/about-us/functions/generation（二〇二〇年一一月参照）。

（2）ＪＩＣＡ、「資源・エネルギー」https://www.jica.go.jp/tanzania/office/activities/energy_minig.html（二〇二一年一月参照）。

（3）Peramiho, *Hydropower.* http://www.peramiho.org/en/environment-new-energy/hydropower.html（二〇二一年一月

参照)。

(4) Peramiho, *History*. http://www.peramiho.org/en/abbey/history.html (二〇二一年一月参照)。

第二章

地域・産業の電化過程と小水力発電

西野寿章

芸北町 小水力発電記念碑（西野寿章撮影）

第一節　日本の電気普及過程にみる農山村の主体性

日本の電気普及率は、一九〇七年では二パーセント、一九二二年では七〇パーセント、一九二七年では八七パーセントであった。明治政府をはじめ戦前の政府は、一九四一年の国家総動員法公布に基づく配電事業統合要綱の策定まで、地域電化や電灯、電動機などに用いる電力の普及には、ほとんど電気事業体の経営方針に委ねていた。そのため、電気事業は採算性が高い都市部から発達し、農村部では家屋密度の高い集落から電気が普及し、家屋がまばらな山村は電気の普及が遅れた。第二次世界大戦前の農山村の多くは、日本経済を支えた蚕糸業が主要産業となっており、農家が繭の生産量を増やして収入を増加させるには、手入れに時間がかかり、火災頻発の原因となっていた石油ランプを電灯に替えたいとのニーズが高まっていた。しかし、電気事業が都市部から発達したことから山村に至る広範な地域を最初から供給地域とした電気事業者は皆無であった。

山村では、明治末期から地方行政と住民が一体となった小水力発電による電気事業が自発的に発達するようになった。その嚆矢は、一九〇八年に開業した日本最初の町営電気である岐阜県明知町の明知町営電気事業であった。明知町は、南信州と東三河を結ぶ中馬街道の中間地点に位置し、岐阜県東濃地方の製糸業の中心地であった。愛知県の電灯会社が明知町内に水力発電を計画していたもののすすまないことから、最大出力一六五キロワットの水力発電所を建設し、明知町が電気事業経営をおこなうこととなった。未電化地域においては、電灯の早期導入を求める声も多かったが、製糸業の盛んな明知町では製糸資本が繰糸機械の動力化によって生糸の生産量を増加させるために電気の早期導入を望んだ。明知町が、早期に町営電気事業を設立することができたのは、財源としての町有林を有していたからであった。第二次世界大戦前の岐阜県は、四つの町営電気事業と二二の村営発電事業が集中し、いわば町村営電気のメッカであった。設立年の早い町村営電気は、明知町のように自主財源となる町有林、村有林を有していたが、なかには住民に寄付金を求めた例もあった。その頃の政府は電気事業に対しては無策で、設立の認可には関わるものの、補助金や助成金などの類は一切ださなかった。電灯会社の供給区域に組み込まれない地域においては、小水力発電所、配電網建設のための資金調達が可能であれば、だれでも地域電化をすすめることができた（西野二〇一八）。

戦前における電気事業の最盛期は、事業者数が八〇〇を越えていた一九三三年頃であった。一九三三年における開業事業者の構成は、私営が六九八（内訳は、株式会社六七三、合資・合名会社九、その他一六）、公営が一二〇（内訳は、県営五、市営一五、町村組合営［旧郡営］一二、町営二二、村営六六）となっていた。戦前の電気事業者は、現在の9電力会社体制からは想像がつかないほどの多様性を有していたが、一九四一年の国家総動員法の公布にともなって電気事業の統制が始まり、おもに山間集落に設立された小規模な電気利用組合を除くすべての電気事業者に出資させて、一九四二年には戦後の9電力会社の前身となる9配電会社が設立された。この時点において、すべての地域に電気が供給されたわけではなく、山間部や縁辺部には未電化の地域がまだ多数存在していた。

一九五四年四月において、未点灯戸数はおよそ二二万四〇〇〇戸を数え、北海道、鹿児島県、岩手県、茨城県の順に数が多く、その八割は山村地域であった（田添 一九五七）。こうした地域の電化はさまざまな電化政策によってすすめられた。とりわけ、米国ニューディール政策において展開された農村電化政策をモデルとし、議員立法により制定された「農山漁村電気導入促進法」は、農林漁業金融公庫から資金を融資することにより、未電化地域の電化をすすめていった。日本において地域電化率がいつ一〇〇パーセントに達したのかは明らかではないが、岩手県では一九六八年頃にはほぼ全域で電化された（西野 二〇一七）。このように、日本の全地域に電気が普及したのはそんなに古いことではなく、わずか半世紀ほど前のことなのである。

一九五一年に電力事業が再編成され、現在の発送配電一貫体制の9電力会社が地域ブロック単位に設立された。その後の技術革新によって発送配電の方法は高度化し、電源も水主火従（主要な電力を水力でまかない、火力で補う電力供給の方式）から、火主原従（主要な電力を火力でまかない、原子力で補う電力供給の方式）へと変化し、電力会社は巨大資本体となり、地域経済にも大きな影響を及ぼすようになった。歴史を遡ると、そのベースとなったのは戦前に地域ごとに設立された電灯会社や公営電気事業であった。とりわけ、公営電気事業については、町有林、村有林といった自治体の財産が原資となったケースもあれば、集落の共有林が住民寄付金の財源となったり、住民の労役が寄付金の代替となって設立されるなど多様なケースがあった。このような動きには、今日の日本とは違った官民一体のかたちがあり、地主小作制度下においても、地域電化の手続きには民主主義的な側面も強く見えた（西野 二〇二〇）。それは、地域電化を望む住民と、電気事業経営によって自主財源を得たいとする地方行政の思惑が一致したからでもあった。結果として、住民の電力消費は自治体財政を潤した。こうした実態は、電気やガス、水道、廃棄物処理（家庭ゴミ）といった生活に欠かすることができない公益事業のあり方として示唆的である。しかし、戦後の電気事業については、地域独占、発送配電一貫体制の民設民営会社である9電力が担うようになり、公益事業体として供給義務を遂行するようになったとはいうものの、9電力が企業体として未成熟にあったからなのか、未電化地域においては一九七〇年頃まで国民が負担金を出さないと電気の供給を受けられなかった（西野 二〇一七）。電気料金の算定には、すべての経費を電気料金に転嫁できる総括原価方式が採用され、電力会社は通常の企業のように経営努力をおこなうこともなく、会社の収益率に重きを置いた電源を選択するなど、公益事業とは何かが改めて問われている。いまや電気は、国民が生活するために欠かすことができないエネルギーである。競争のない地域独占体としての存在が認められてきた9電力は、公益事業の民営化の是非とも通じるものがある。

いまだに電化のすすんでいない開発途上国の農山村において地域電化を図る際、大手資本の配電地域に組み込まれて、単なる消費者として電気料金を支払うことよりは、行政と住民が一体となった電気事業者の形成、あるいは住民出資による協同組合を設立することを考えるべきかもしれない。経営によって得られる利益を地域産業の育成や福祉、社会資本整備に充当する地域自治的な地域づくりを目指すことこそ、民主主義的な地方自治を実現することにつながると考えられる。こうした点で、とくに戦前の日本の山村で展開した地域電化の過程は、開発途上国の近代化を考える上で参考になるだろう。そこで本章では、おもに戦前の日本の山村における小水力発電による電化の過程を整理・再考して、開発途上国の地域電化の方法論を考える一助としたい。

第二節　戦前における動力電化の進展

日本における最初の電灯会社は、一八八七年に開業した東京電灯であった。その開業から二〇年が経過した一九〇七年の電灯普及率は冒頭でも触れたようにわずか二パーセントにすぎなかった。その後、電灯普及率は、一九一二年一六パーセント、一九一七年四二パーセント、一九二二年七〇パーセントと増加した。いっぽう、動力の電化率は一九〇六年九・四パーセント、一九一一年二七・六パーセント、一九一七年五一・三パーセントと、電灯よりも少し先行するように推移していた（新電気事業講座編集委員会 一九七七）。その様子を製糸業、製陶業、農業を例にみてみよう。

動力の電化は、紡績業や製鉄業においていち早く着手されたように、戦前の日本経済を支えていた製糸業においても早期の電化が望まれていた。長野県平野村（現在の岡谷市）の天竜川では、一九〇七年に直径二一尺（六・三六メートル）、幅九尺（二・七三メートル）の鋼鉄製の巨大な水車が動き始めた。当時、天竜川には、糸を繰る動力として大小七一個の水車が動いていた（山本 一九七七）。長野県諏訪地方では、生糸生産量の増加と安定のために繰糸機、揚返し機の電動化が望まれるなか、製糸資本によって電灯会社を設立する動きもあった。一九〇九年に、平野村の山十組で再繰場の運転動力装置をモーターに変えて好成績を収めた。天竜川では、製糸工場の水車が天竜川氾濫の原因になるとして沿岸住民が製糸用水車の撤去を求める訴訟が起きていたこともあり、製糸工場で動力の電化が進展するようになった（平野村 一九三二）。

表2−1　長野県平野村（現岡谷市）における製糸工場動力の変化

年次	工場数	水力	人力	蒸気力	電力
1877	30	5	25		
1880	60	43	17		
1883	44	32	12		
1886	50	39	11		
1893	86	38	36	12	
1898	61	20	19	23	
1902	53	16	8	29	
1903	46	7		39	
1911	62	11		47	4
1915	84	10		33	41
1918	95	9		1	85

平野村（1932）『平野村誌』〔岡谷市（1984）復刻版〕より作成。

表2−1は、長野県平野村における製糸工場動力の変化をまとめたものである。それによると、工場数は一八七七年では三〇であったが、一八八〇年には倍増し、その後、増減を繰り返して一九一八年には九五を数えた。動力は、一八九八年までは水力が主流であったが、水車を用いることができない場合は、足踏みまたは手廻しによる人力を用いていた。一八九三年から蒸気力が用いられるようになったが、一九一五年には電力が半数近くまで増加して一九一八年では九五の工場のうち、八五の工場で電力が用いられるようになった（西野 二〇〇七）。日本における工業化の歴史をみつめていた経済学者の上林貞次郎は、動力の電動機率が一九一六年に蒸気機関を上回ったことから、同年を「電力革命の年」と呼んだ（上林 一九四八）。平野村においても、一九一五年にほぼ半数が、一九一八年にはおよそ九割の動力が電力となった。生糸生産高は、一九〇九年では二三万貫余り（約八六三トン）であったが、一九一九年には四一万貫余りと倍増しており（平野村 一九三二）、動力の電化が生産能力の向上に寄与したことがうかがわれる。諏訪地方には、

一九〇一年に開業した諏訪電気株式会社が電力を供給していた。電気供給量が不足するようになると、一九一二年には平野村の製糸家などが発起人惣代となって、独自に岡谷工業電気を設立する計画ももちあがったが、結局、諏訪電気に資本を出資して、諏訪電気が松本電気から電気を購入して電気供給の安定を図った（岡谷市 一九七六）。前述した岐阜県明知町でも、町営電気事業によって生糸生産量が増加したものと考えられる。

いっぽう、岐阜県東部の陶磁器の産地では、大量生産に向けてロクロの電動化が望まれていた。一九一三年に開業した駄知町営電気もそうした目的で設立された会社の一つであった。岐阜県東部には、一九〇六年に多治見電灯所が開業し、駄知村（一九〇九年に町制施行により土岐郡駄知町。現在は土岐市駄知町）への供給権を獲得していたが、山あいの駄知町への供給はすすんでいなかった。

駄知町の製陶家であり実業家でもあった籠橋休兵衛は、一九〇八年に電気事業を企画した。籠橋は、日本で最初の町営電気事業を開始した明知町長と旧知の間柄であった。籠橋は、明知町長から町営電気事業の成功話しを聞き、電気事業を発起したという。しかし、駄知町はすでに多治見電灯所の供給区域となっており、法律で一区域に一事業者と決められていたことから逓信省（当時、交通・通信・電気を管轄していた中央官庁の一つ）は籠橋の申請を却下した。詳細は不明であるが、公益事業としておこなうのであれば多治見電灯所の営業権を移管することが可能であったようで、籠橋の働きもあって一九一三年に町営電気事業を設立するに至った（塚本 一九四三）。その開業費用二万四五〇〇円の財源は、有志寄付金が四〇・八パーセントと最も多く、次いで町有林の立木売払、町有林売却が三五・四パーセントとなっていた（西野 二〇二〇）。有志寄付金

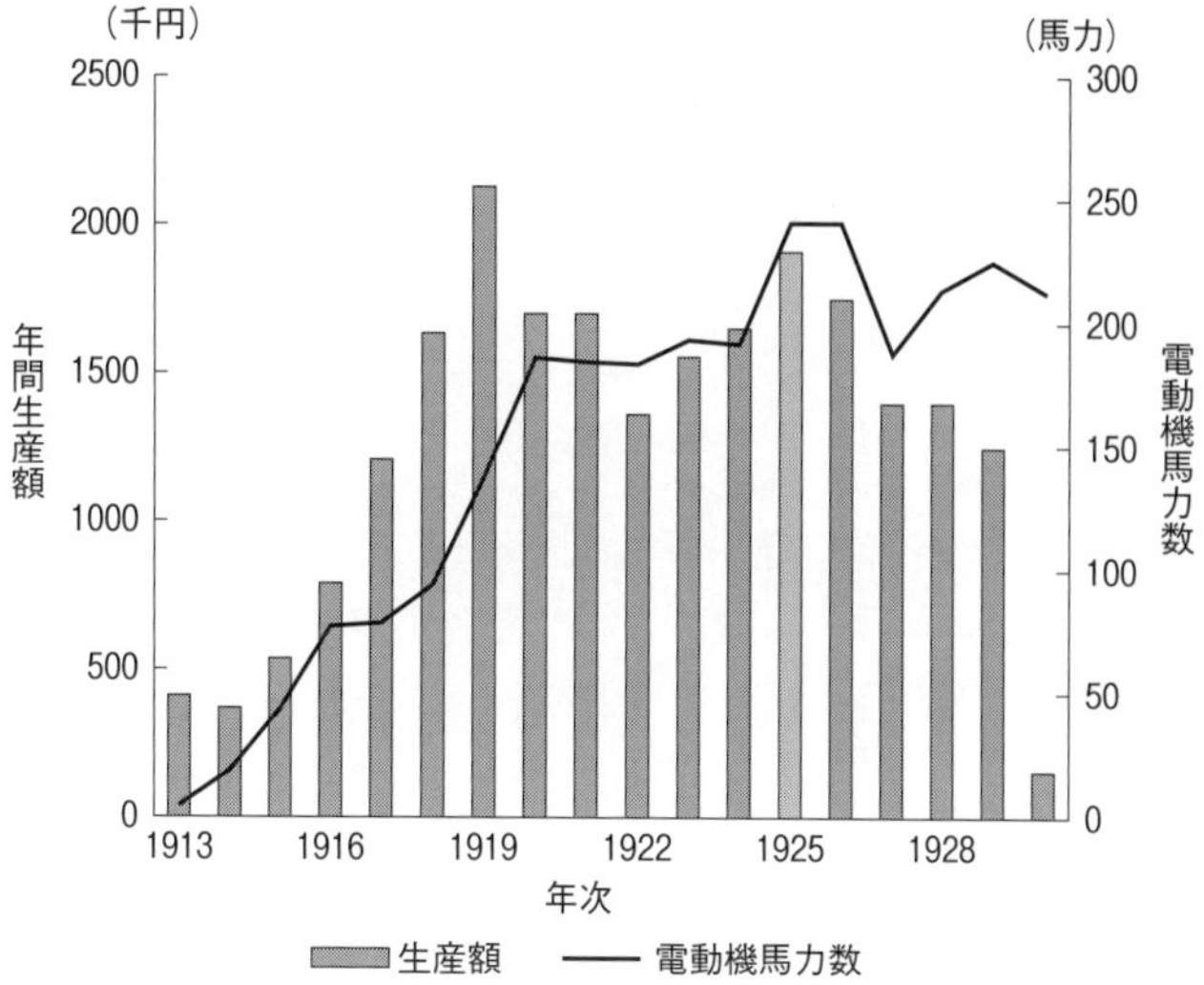

図２－１　岐阜県駄知町における電動馬力数と製陶生産額の推移
岐阜県土岐市駄知小学校郷土史研究会（1959）『郷土駄知』より作成。

は、籠橋休兵衛ら、地域の有力者が寄付したものと考えられる。

駄知町は、岐阜県東部の陶磁器・美濃焼の産地の一つであり、その起源は一五世紀に遡るとも言われている（駄知陶磁器工業協同組合・駄知輸出陶磁器完成協同組合　一九八一）。駄知町の製陶業者数は、一八九一年では七〇余り、町営電気が始まった一九一三年でも七八の業者が飲食器を製造していた（岐阜県土岐市立駄知小学校郷土史研究会　一九五九）。当時、愛知県の陶磁器の器産地では、生産性を上げるために電動ロクロが導入されはじめ、その流れは駄知町においても同じであった。

図2－1は、駄知町営電気が開業した一九一三年から一九三〇年までの製陶業者の動力電化と生産額の動向を示したものである。それによれば、一九一三年における電動機馬力数は五馬力（三・六キロワット）に留まり、生産額は約四一万円であった。

電動機馬力数は、一九一三年以降、一九二六年まで増加し続け、一九二〇年には一八七馬力（一三七・五キロワット）、一九二六年には二四一馬力（一七七・三キロワット）まで増加した。生産額も、電動機馬力数の増加にともなって増加し、一九一三年の四〇万九〇〇〇円が一九一九年には二一二万六〇〇〇円と約五倍の増加を見せたが、これは一九一四年から一九一八年の第一次世界大戦により日本製品がアジア市場へ輸出されたことから、空前の好景気を迎えたことによる（中西編 二〇一三）。多治見電灯所は電気ロクロを普及させることを目論んでいたが、手ロクロ一台五円の時代に電動ロクロは三〇～三五円と高額であったことからなかなか普及しなかったが、好景気を背景に電動機が普及した（中部電力電気事業史編纂委員会 一九九五）。駄知町営電気がタイミングよく開業して動力電化がすすめられたことから、陶磁器産地もこの好景気に乗って生産量を増加することができた。町営電気事業が地場産業である陶磁器工業の近代化に果たした役割は余りにも大きかったとされている（小出 一九七七）。

次に農業における電気利用についてみる。戦前の日本の電気事業は、自由放任、市場主義によって発展したことから、都市に比べ収益率が劣る農村では電化が遅れた。一九〇二年に山形県大泉村において一五馬力の電動機がかんがいに用いられたのが最も古く、排水には一九〇九年に新潟県沼垂町で一〇馬力の電動機が用いられたのが最初とされている。戦前において、農業に電気が用いられた例をあげると、農地拡大では干拓用排水機、輪中浸水時用の排水機、養蚕では電照飼育、送風機、電照乾繭、桑電照栽培、蚕種電熱摩擦孵化、蚕種電気冷蔵庫など、養鶏では電気孵卵器、電熱式育雛器、製茶では粗揉機、乾燥機、碾茶機、米作では稲苗の電照育苗などで、そのほか、電気温室、養蓄（扇風機・蓄音機）、漁業では集魚灯などであった（農

事電化協会 一九四〇)。

戦前の農山村では、電化が図られるまで石油ランプを灯具として用いていた。その石油ランプは火災を頻発させ、かつ石油ランプの火屋の手入れに労力を必要としたため、養蚕農家は安全で手入れが簡単な電灯を求めていた。例えば、一九一八(大正七)年に養蚕が盛んだった岐阜県加子母村は村営電気事業を開始した。村はその目的について「村内全域の利便を図り、石油の輸入を防止するとともに、火災の危険を避け、村民の生命財産の保全を計る」と述べている。都市から離れた農山村では、地域が自発的に電気事業を興さないかぎり早期に電化することは難しく、政府が電化してくれるのを待っていたおかげで一九七〇年ぐらいまで電化されなかった地域もある。そのため、戦前では全国で一二〇余りの町村で町営電気事業、村営電気事業が興った(口絵6)。二六の町村営電気事業が集中していた岐阜県では、経済的価値の高かった町村有林を有していた自治体や、製糸業・製陶業の地場産業があった自治体では一九一〇年代に主体的に電気事業に取り組み、住民の利便性向上に寄与し、かつ収益が自主財源となって、脆弱な財政を補完した(西野 二〇二〇)。

あえて管見を述べれば、戦前の政府は工業用動力の電化について具体的な政策をもっていなかったのだろう。それゆえ、動力の電化は民間の自主性に任せ、電気や電灯の普及は都市から始まり、地場産業を有する地域を中心に、住民が自ら広めていった様子がうかがえる。

第三節　戦前の山村における電気利用組合の展開

京都府美山町の電気利用組合

戦前の政府は大都市における公営の電気事業者と民営の電気事業者との供給区域の重複や送電線の分離については調整的な機能を果たしていたものの、電気の普及については明確な方針をもっていなかった。また電灯会社も、家屋や事業所の密集した都市は経営効率がよいため積極的に供給したが、家屋密度が低い農山村への供給にはきわめて消極的であった。そのため、町営、村営による電気事業がおこなわれたが、地域の経済状況によって、それを導入することができない農山村もあった。そうした地域では、町村よりも小さな単位において自家用電気工作のために発電施設を持っている者（自家用電気工作物施設者）が電気を供給していた。この自家用電気工作物者には、企業、大字、集落を単位とする電気利用組合、そして個人とそれに賛同する人達が出資した集団などがあった。このうち、電気利用組合は、一九〇〇年に公布された産業組合法に基づいて設立された産業組合の一つである。電気利用組合数は、私の把握では一九二二年では全国で八組合を数えるにすぎなかったが、一九二六年には一三二組合まで急増し、電力の国家管理がおこなわれる前年の一九三七年では二四四組合まで増加していた。電気利用組合が設立されたのは、電灯会社の供給区域に組み込まれていなかったか、組み込まれていても未電化のままの地域であった。

表2-2は、一九三七年の京都府美山町における電気利用組合の概況を示したものである。京都府の電気利用

表2－2　京都府美山町における電気利用組合の概況（1937年）

施設者名	使用開始年	村名	落成電力（kW）	電灯 取付電灯個数	電灯 kW数	資本及び損益（円） 固定資産	資本及び損益（円） 純利益	資本及び損益（円） 前期純利益
無限責任又林電気利用組合	1923	平屋村	1.0	65	—	151	0	0
無限責任下吉田電気利用組合	1924	宮島村	2.0	78	1.5	420	50	0
無限責任内久保電気利用組合	1924	平屋村	12.5	904	12.4	6,720	279	0
有限責任安掛上平屋電気利用組合	1926	平屋村	12.0	700	14.0	9,279	－16	16
無限責任音海電気利用組合	1926	大野村	1.1	34	0.5	162	98	－1
無限責任平屋共同水力電気利用組合	1926	平屋村	8.0	870	10.0	17,746	450	80
無限責任原電気利用組合	1925	宮島村	2.0	156	1.8	470	295	47
無限責任田歌電気利用組合	1929	知井村	4.0	—	—	—	—	—

逓信省電気局（1939）「第30回電気事業要覧」より作成。

組合は、一九二八年一〇組合、一九三八年一三組合を数えた。京都府における電気利用組合の地域分布の特徴は、一九三八年では一三組合中八組合が由良川上流部の北桑田郡美山町（現南丹市）に集中していることである。これだけ地域的なまとまりをもって一つの水系に電気利用組合が立地している例は全国を見ても美山町以外にはない。美山町は、一九五五年に知井村、平屋村、宮島村、鶴ヶ岡村、大野村が合併して成立した行政区（町）である。以下、旧村単位で電気利用組合の展開過程を概観する（西野二〇二〇）。

まず『美山町誌』（美山町誌編さん委員会二〇〇〇）では、一九二〇年九月五日の「朝日新聞京都附録」に掲載された

「村営の発電計画続出、府下北桑田郡を中心に主として電灯自給が目的、近頃稀らしき現象」の記事を引用している。記事は「最近、丹波、丹後地方に電灯及び電力の村営計画が多く出されているのは、近年のめったにない現象として注目されている。主に村落に対する電灯供給を目的として府土木課に調査を委託するものには北桑田郡平屋、宮島ほか二つの村の組合経営によるものを最初とし、同郡弓削、知井、細野の各村、船井郡上和知村、加佐郡高野村なども、その例と同じで、北桑田郡のものは、主として由良川の支流を利用する」、「いずれも最高二百キロワット前後を発電しようとする小規模のものであるが、知井村の水力調査は完成して実際に着手できることになり、規模は小さくても、以前よりへんぴな地であった村落が天の恵みの水を利用することによって電灯を自給するための事業を遂行できることに気づいたのであった。今まさしく少しずつこの点に着目するようになったのは、一つの前進というべきであろう」と述べている。

この記事のなかで「村営計画」とあるのはそのほとんどが電気利用組合のことで、美山町内では由良川沿いの村々において電気利用組合が設立され、共同自家用電灯の設立もみられた。美山町の中心地域の東部に位置する平屋村では、一九二三年に又林電気利用組合が一九名の発起人によって美山町で最も早く設立され、一九二四年には内久保電気利用組合（組合員六五名）、一九二五年には安掛・上平屋自家用電気利用組合（組合員九六名）が、そして一九二六年には平屋共同水力電気利用組合（組合員一三八名）が相次いで設立され、山間集落に電灯がついた。

美山町の中心地域の西部に位置する宮島村では、一九二四年に下吉田電気利用組合が設立された。当時の区の記録によると工事費二八〇〇円、電柱三六本、一時間を単位として電化作業に従事する日役（ひやく）

延べ二四一・六人、点灯戸数二四戸、室内各戸点灯六一、街灯七とある。同組合の発電所は、水力製材所の水車をゆずり受けて再利用したもので、一九二五年にはその水車を金属製の歯車に新調するなどの改造も加えている。

次いで同年、板橋・宮脇共同自家用電気利用組合がふたつの集落への電気供給を目的に設立された。発電力は三〇〇ワット、各戸へ一〇燭光（かつて用いられた光の単位）灯が一～二灯取り付けられた。「文明の利器の重宝さに区民は感嘆した」という。発電機を直流発電から交流発電にし、明るさも増し、管理も容易となったが、工事に要した費用は八〇〇〇円余りとなり、板橋区の負担額は四一三八円三七銭六厘、一戸当たり一一七円二二銭九厘と巨額となった。資金は、日本勧業銀行より費用の半分を借入し、一灯当たり六〇銭を償還財源として弁済に充当したという。

一九二五年には由良川支流日の元川上流に原電気利用組合（組合員四七人）が設立された。発電所は、日の元川より引く農業用水を利用し、日の元川との高低差を付けるために用水路を延長して断崖の落差でタービン水車を廻し、川へ放水した。電柱はすべて区共有林の木を伐ってそれにあてた。電灯は二〇燭光か一六燭光の二灯だけと申し合わせたという。

宮島に発電所が設けられ電灯がついたのは、南部の四つの集落だけで、北部の五つの集落では計画がなく、ランプの生活が長く続いた。美山町の東部の知井村には、一九二四年に内久保電気利用組合、一九二九年には田歌電気利用組合が設立された。電気利用組合のほかには、一九二六年に中・北共同自家用発電所が完成し、電気供給を開始した。発電は農業用水路を利用し、発電する夜間は発電所の方へ水路を開けて水を通し、由良川へ放水していた。また一九二七年には、横坂自家用発電所が完成し、かんがい用水路を拡幅してそこから取水した。これらの仕事はすべて区の日役でおこなったという。なお、田歌より上流の芦生、白石、佐々里の各地区に電灯が入るのは、戦後、一九五〇年のことであった。

美山町の東北部に位置する鶴ケ岡村では、一九二五年に当時の区長が京都府知事に「発電用水利使用並工事実施願」を提出した。当初は「村営水力電気設置計画（大字鶴ケ岡一円）」とされていたが、実際は共同自家用電灯としての出願であった。「白灯光々と輝き一般予想外の光にて其の喜び一方ならず」と当時の工事記録に記されている。このほか、六〇戸によって、砂本・栃原共同自家用電灯組合が設立され、総工費一万二二四七八円で、電気料金は三二燭光で月額四八銭であった。『美山町誌』によれば、町西部の大野村には、一九二六年に自家用の水力発電所が建設されたとある。これは一九二六年に設立が認可された音海電気利用組合のことだと考えられる。

当時の自家用発電は用水路を利用したもので夏の水稲生育期は田へ水を入れるため点灯時刻を遅くし、夜間は田へ水を入れないように申し合わせたという。また、秋は田へ水を入れないが、一年中、水を通すため水路日役や落葉掃除を何回も行い、とくに渇水期には水量確保に気をくだいたと記している。また、この頃の電気にまつわるエピソードが述べられている。娯楽のひとつとして、小学校や分教場を会場として映画鑑賞が行われる時には、一軒ずつ消灯をたのみ廻って上映しなければならなかったという。

戦前の電灯会社は発送配電に公益事業という認識が低く、とりわけ農山村からの電化要請にはさまざまな条件を付けた。美山町の鶴ケ岡村、宮島村、大野村には、一九三六年一〇月になって京都市を中心として、兵庫県、滋賀県、福井県の広範な地域を供給区域としていた京都電灯が、電柱の提供（杉、檜随意）、松丸太（電柱植込みに使用するもの）の提供、電柱および松丸太を最寄りの場所まで運搬、引込線電柱が必要な場合は当該家屋より提供すること、電柱建設位置は無償にて提供することなどを条件として供給するというものであった（京都府北桑田郡美山町長谷区 一九九五）。

美山町では、このように住民も出資して地域電化がすすめられた。しかしながら、表2-2に示したように、電気利用組合の発電規模は極めて小さかった。一九三七年になると京都電灯からの受電によって不足分が補われたようであるが、落成した水力発電量は電灯需要をほぼ満たしていた。そして注目すべきは、こうした極めて小規模発電であっても、欠損が出ているのは一つの電気利用組合に留まっている点である。一年度だけのデータであること、現代とは電気の使用量が全く異なっているものの、集落単位というスケールであっても、経営が成り立っていたということである。電気利用組合は、協同組合であることから利益が出た場合は、出資口数に応じて組合員に利益が配当される。残念ながら、美山町の電気利用組合の経営資料が入手できなかったため、当時の電気利用組合の経営状況については、一九一三年に長野県竜丘村（現飯田市）に設立された竜丘電気利用組合の一九二七年までの資料から概観する。

長野県竜丘電気利用組合の設立と経営

一九一三年、天竜川中流域の長野県竜丘村（現飯田市）に竜丘電気利用組合が設立された。日本における電気利用組合の第一号であった。その契機は、岐阜県中津町（現中津川市）に本社のあった中津電気が村内を流れる新川において水力開発地点調査をおこなったことにあった。竜丘村は、天竜川右岸の平坦な河岸段丘上に立地し、一九二〇（大正九）年では七七七世帯、四一九一人の農村であった。土地面積は、田が二三〇六反余歩（約二三〇ヘクタール）、畑が一四四九反余歩（約一四四ヘクタール）、山林が六八七反余歩（約六八ヘクタール）、原野が二一九反余歩（約二一・七ヘクタール）となっており、主要産物の年間生産高は繭が四二万円余り、生糸が四六万円余り、コメが六万円余りとなっており、蚕糸業が村の産業の中心となっていた。「蚕業組合調査資料」には、この当時の竜丘村は「貧富の懸隔　甚だしからず　生活の程度　稍高」であったと記されている（産業組合中央会　一九二九）。

竜丘村を流れる新川で水力開発地点調査がおこなわれたことを知った村の有力者の竜丘村信用組合長・北澤清は、「天が吾々龍丘村民に与えてくれた恵みを他の町村の人に奪われる事は面白くない」として、一九一一年（明治四四年）に村内を流れる新川に落差約一〇〇尺（約三〇メートル）の水力発電の適地を見つけ出した。翌一九一二年には、北澤ほか二三名の有志は竜丘村の村長とともに産業組合組織として電気事業の経営に乗り出すことを決めた（産業組合中央会　一九二九）。

北澤は発起人の代表として「竜丘電気生産組合設立趣旨書」を作成した。村内の有志に配布された趣旨書には、組合設立の効果について、水力による産業の発展、営業税・所得税の免除、低利資金の貸付け、電力や電灯の低廉な供給などが訴えられていた。北澤は電気生産組合として認めてもらうために、「組合員の生産したる物に加工し又は産業に必要なるものを使用せしむること」という生産組合の規定を、電灯、精米、製粉なども事業をおこなう上での「産業に必要なるもの」と解釈できないだろうかと考えた。そして、農商務省から長野県に転勤してきた技師をとおして逓信省に相談してみたが、電気事業法に当該条文がなく、産業組合としては認められず、自家用電気工作物施設規則によるものかどうかが検討された（竜丘村誌刊行編集委員会・竜丘村誌編纂委員会 一九六八）。

電気利用組合は協同組合であるから、電気供給を受ける世帯の出資によって成り立っていて、戦前の電気事業者の類型では「自家用電気工作物施設者」に分類されるべきだが、竜丘電気利用組合は村営事業的な性格を強く帯びていることから、公共の利益となるべき事業と認定され、電気事業法準用自家用に分類された。当時の竜丘村の歳入に占める財産収入の割合はわずか一・八パーセントにすぎず、歳入のほとんどは村税によっていたことから財政に全く余力がなく、村営電気事業は構想されなかったものと考えられる（西野二〇二〇）。

一九二八年の組合記録には「当組合は、地方の農村において初めて電気事業を創設し、関係者の指導もあって、互いに力を合わせて助け合い、電気事業を発展させ、（電気事業の）恩恵を受けられることによって、ほかの営利会社が（水力発電の）権利を獲得して、簡単に（水力発電所を）建設するのみならず、（配電に）当たっては、金銭物品の寄付の強要を行うなどの弊害を抑えて、しかも農村に対し電気の供給を促進させる媒介となる」と当時の農村が電灯会社の供給区域に組み込まれる際の不利な状況が背景にあったことが記されており、「また山間僻地において、営利会社等より電気の供給を受けることができない土地といっても組合組織あるいはほかの方法によって起業し電灯の輝かないことはなく、今や組合組織によって電気事業を経営する者は全国に実際に百二十五を超え」ていると記されている（中部電力飯田支社広報課 一九八一）。

表2–3　長野県竜丘電気利用組合の経営

年度	組合員数	出資口数	払込済み出資額(円)	電灯数	電力馬力数	配当金(円)	組合員率
1913	26	26	91	—	—	—	
1914	323	544	3,847	811	4.5	—	
1915	429	652	8,837	1,248	4.5	—	
1916	497	755	15,869	1,588	5.0	476	
1917	613	887	22,491	1,940	11.0	1,349	
1918	645	921	29,189	2,104	13.0	1,887	96.0
1919	670	948	30,853	2,279	17.0	2,112	
1920	667	948	32,603	2,325	20.0	—	85.8
1921	711	1,709	40,254	2,442	20.0	—	100.9
1922	730	1,752	48,026	3,031	22.0	—	
1923	749	1,800	56,036	3,255	20.0	2,801	
1924	778	2,229	63,125	3,382	31.5	3,784	
1925	783	2,260	70,074	3,557	35.5	4,552	98.5
1926	790	2,280	77,628	3,837	35.5	5,428	
1927	793	2,305	79,554	4,206	37.5	4,772	96.7

産業組合中央会（1929）「電気利用組合に関する調査」，竜丘村誌刊行編集委員会・竜丘村誌編纂委員会編（1968）『竜丘村誌』ならびに国勢調査より作成。

注1）1918年度と1921年度の組合員率は，『竜丘村誌』所収資料の世帯数（出所不明）を用いて算出し，他の年度の組合員率は国勢調査の数値を用いて算出した。
　2）データは，いずれも年度末。

表2－3には、竜丘電気利用組合の経営に関するいくつかのデータを整理した。出資金は一口三五円とされ、第一回目の出資を五円として、その後は残りの出資金を三年間で六回（毎年六月と九月）に分割して払い込むことになっていた。組合員の持分は、出資金に対しては払込済み額、準備金に対しては払込済み出資累計額、特別積立金に対しては年度内に組合員が支払った利用料の額に応じて、それぞれ算定するとされ、配当金は払込出資額に応じ年六分以下、特別配当金は利用料の額に応じて算定されると定められた。

電気の供給を受ける世帯は組合に出資しなければならなかった。組合員数は組合が設立された一九一三年度は発起人など二六人（世帯）であったが、電気が供給された一九一四年には三二三人に増加し、一九二七年には七九三人まで増加した。組合員率を算出すると、一九一八年では九六パーセント、一九二一年では一〇〇パーセントに達している。元になった資料によって世帯数の数え方が違っている可能性が高いが、一九二五年の国勢調査値では九八・五パーセントとなり、ほぼ全戸において電灯が灯っていたとみられる。電灯数は養蚕期の臨時灯も含め増加し続け、電力は精米、製麺、織機、製材、豆腐製造、製菓、精錬などに使用された。この頃の日本は、第一次世界大戦開戦に伴う空前の好景気（中西編 二〇一三）であり、竜丘村にも繭需要の増加といった形で好景気の波がきたものと考えられる。

ここで注目すべきは、電気利用組合が産業組合法に基づいて設立されていることから配当金があったことである。この点は、町村営電気と大きく異なる。配当金総額を組合員数で割ると一人（世帯）当たりの配当金は、一九一七年度では二円二〇銭であった。ちなみに、一九一七年の駅弁の価格は一五銭、映画館入場料二〇銭、砂糖一キログラム四四銭、塩一キログラム六銭七厘、アズキ一升（一・八リットル）二六銭、牛肉一〇〇グラム一四銭であった。また、一九二六年における一人（世帯）当たりの配当金は六円八七銭となる。一九二五年における物価をみると、うな重（並）五〇銭、江戸前寿司並一人前二〇銭、炭（一五キログラム）一円四五銭、一九二六年では、牛乳一合（一八〇ミリリットル）八銭（週間朝日編 一九八八）であったことから、配当金は組合員の家計の一助となっていたものと考えられる。

住民自らが出資し、黒字の場合は配当を受け取ることができた。こうした竜丘電気利用組合にみるモデルは、一九三八年の国家総動員法公布にともなって始まった電力統制によって姿を消した。住民は出資することによって、電気利用組合の経営には大いに関心を寄せていたに違いない。出資して電気の供給を受ける世帯は単なる消費者ではなかった点は、留意しておく必要があろう。

第四節　戦後の山村における小水力発電の展開と住民

戦後の未電化解消政策

戦時下の一九三八年に始まった電力統制によって、日本の電気事業は大きく再編されることになった。一九四一年には配電統制令によって、現在の9電力の地域ブロックごとに存在していた電灯会社に出資させ、九つの配電会社と大容量発電と送電網を管理する「日本発送電」が設立された。そして、一九五一年の電力再編成によって9電力と政府設立の特殊会社として電源開発が設立された。前述したように、戦前の電気事業は市場原理によって発達したことから、人口の少ない農山村には未電化のまま終戦を迎えた地域が多く、一九五四年四月では、未点灯戸数はおよそ二二万四〇〇〇戸を数えた。例えば、岩手県では一九五二年末の調査によって、農山漁村一七万三四二七戸のうち、八・九パーセントにあたる一万五五五四戸が未点灯であった（岩手県農山漁村電気導入達成記念会　一九六八）。終戦直後から高度経済成長の真っ只中であった一九七〇年頃まで、残されていた未点灯地域の電化、満蒙開拓引揚者が入植した開拓集落、空襲被害に遭った地域住民の移住者集落への電気導入が政策的にすすめられるとともに、戦前から山間集落に電気供給を担ってきた電気利用組合の役割は電力会社へ移管されていった。

政府は、終戦直後から米国が日本におこなっていた占領地域救済政府資金（ガリオア）と占領地域経済復興資金（エロア）を積み立てていた米国対日援助見返資金を一九五〇年度から充当して、農山漁村を対象に小水力発電所の建設を促進した。融資の相手は農業協同組合および同連合会とされ、一〇〇キロワット以下の水力発電施設の建設資金の八〇パーセントを限度として、年利率七・五パーセント、一年以内据置、一五年以内償還という条件であった。また政府は、一九五一年度から農林漁業生産力の維持増進を図るため、農林漁業者に長期かつ低利で融資する農林漁業資金融通法を制定し、農協などの小水力発電事業を支援した（僻地未点灯解消記念会　一九六七）。そして、一九五一年度から開拓地の電気導入に対する補助事業が開始された。これらの小水力発電の導入は、農家の電化よりは食料増産に向けた農業の動力化に主眼を置いていた。

未点灯集落への電気導入が本格化したのは、一九五二年一二月二九日の農山漁村電気導入促進法の制定以降であった。この法律は、ニューディール政策下においてすすめられた米国農村における電化方式をモデルとして、北海道紋別町（現在の紋別市）選出の衆議院議員・松田鉄蔵（一九〇〇〜一九七四）ほか六二名の議員立法によって成立した。松田は、この法律の提案理由について、農山漁村における未点灯世帯が二〇万戸を越えている状況にあること、農林漁業資金融通法で一〇〇ヵ所ほどの小水力発電所が建設されたが、これは一部の希望を満たしたに過ぎないこと、今なお数百ヵ所の地点で建設を希望していながら建設資金が得られないため貧しく暗い生活を余儀なくされている状況があるなどと説明している。法案には、これまで申請順に融資対象が決められている現状を改め、計画的・能率的に電化事業をすすめるために都道府県が電気導入計画を策定し、農林漁業団体や開拓農業協同組合が小水力（または小火力）発電所または配電施設を建設する場合に必要な資金を貸し付けることが明記された。それには電気施設の建設と維持管理を農林大臣が指導すること、この事業に関する都道府県の経費を国が補助できる、農林漁業団体と電力会社間の電気の供給・託送・売買に関して、農林漁業者に負担のかからないように協議・裁定の途を設けること、土地改良事業として建設される水利ダムを活用する際に水力発電事業にも考慮することなども盛り込まれた（僻地未点灯解消記念会 一九六七）。農山漁村電気導入促進法の事業主体は、農業協同組合、農業協同組合連合会、土地改良区、土地改良区連合、および水産業協同組合と規定され、一九五七年六月には、森林組合および森林組合連合会が追加された（西野 二〇二〇）。

政府は、農山漁村電気導入促進法の制定と並行して、融資機関となる農林漁業金融公庫を一九五三年四月一日に発足させた。農林漁業金融公庫の設立によって、農林漁業に対する長期金融制度が整備され、農山漁村電気導入促進法に基づく小水力もしくは小火力発電施設または受電施設に貸し付ける資金は共同利用施設資金の一つに加えられ、前述の米国対日援助見返資金と農林漁業資金特別会計資金による小水力発電事業は、農林漁業金融公庫に引き継がれた。こうした整備によって、三〇万戸あった未点灯農家は、一九六七年度にほぼ解消したとされる（農林漁業金融金庫 二〇〇四）。

一九四八年当時の農林省農政局は火力発電について、「現在の電力不足は設備の不足もさることながら、石炭不足による供給力の不足が大きい原因をなしている。わが国の産業の中で石炭は超重点産業として取り扱われ、増産に拍車がかけられているがそれでも、今後はわれわれが希望する量の発電用炭の獲得は難しいと考えなければならない。そうすれば勢い水力発電の開発に重力を注がねばならない」と石炭の不足によって十分に機能していないことが背景にあると述べ、小水力発電については「農村は概ね配電線の末端にあたり、電力供給上からは非常に不利な地域である。この地区に小さくても手軽に水力発電所を設けることができれば非常に好都合である。幸いにして農村には近く小水力開発地点が比較的多く、しかも労力は農閑期を利用して農村自らこれを供給することができる利点がある。このような発電所を農村自ら建設すれば、その電力は農村で有利に利用することができて、目下熱望されている農村電化を一層推進することができる」と説明しながら、「現下の電力逼迫の実情に鑑み、小水力発電所の新設を認める」との方針を打ち出していた。その際、「小水力」を出力一〇〇キロワット以下と定義し、工場などの事業場で自己が使用する電気の生産を主目的として設置するものを甲種自家用小水力発電所、産業組合や協同組合等の団体が団体員各自の電気利用のために設置するものを乙種自家用小水力発電所としていた（農林省農政局　一九四九）。終戦間もない時期であり、未だ一九四一年の配電統制令によってつくり上げられた電気事業形態下にあって、配電会社の経営基盤が脆弱であったことから、地域自ら小水力発電によって電化を図ることを促したとも捉えられる。この当時の小水力発電の推奨は、国家の電力不足を補うためのものであり、いわば、小水力発電による地産地消的な方向を指し示したものではなかったと言うことができる。

戦前の未電化地域は、そのまま終戦を迎え、戦後も山間部を中心として多くが残存していた。本格的に未電化地域の電化がすすめられたのは、前述した一九五二年に成立した農山漁村電気導入促進法によってであった。その電化過程において、小水力発電が登場してきた。小水力発電は、発生電力の消化方法によって

表2-4　連携式小水力発電所数（1962年）

県名	発電所数	合計出力（kW）	1号完成年	余剰売電
北海道	3	3,560	1954	2
秋田県	2	528	—	2
長野県	1	550	1954	1
鳥取県	22	2,858	1953	0
島根県	13	1,700	1953	0
広島県	27	3,847	1959	6
岡山県	1	600	1953	0
山口県	1	300	1954	0
愛媛県	3	1,100	1955	2
熊本県	1	496	1955	0
大分県	1	300	1955	0
宮崎県	2	540	1955	1

農林省（1962）「昭和37年度農山漁村電気導入計画の策定について（協議）」（広島県立文書館所蔵），中国小水力発電協会・鳥取県発電協会・島根県発電協会・広島県発電協会（1959）「陳情書」（広島県立文書館所蔵），添付資料より作成。

単独式自家発電連携式自家発電に分けられた。単独式自家発電には、未点灯地域に新規に発電所を設けて配電する場合と、特定の目的のために発電所を設ける場合があり、連携式自家発電は、発電所も需要も電力業者（9電力）の施設を利用して電力を供給するものであった。連携式自家発電においては、電力業者との託送取引が煩雑になる。電力業者もこの方式を好まないことから、小水力で発電したすべての電力を電力業者に売り、地域が必要な電力を買い戻すという形を取ることで業者間の取引を簡素化した（織田 一九五二）。

表2-4は、一九六二年における七七の連携式小水力発電所について、道県別に発電所数をまとめたものである。それによると、広島県が最も多く二七発電所を数え、次いで鳥取県の二二発電所、島根県の一三発電所の順となっている。岡山県、山口県を加えると、中国地方には連携式発電所の八三パーセ

ントが集中していた。それは、一九四一年の配電統制令によって設立された中国配電の役員であった織田史郎の先見性と、中国電力以外の八電力が連携小水力発電所からの買電に目を向けないなか、中国電力だけが小水力発電の推進に積極的に取り組んだからであった。

織田は、中国地方で最も規模の大きかった広島電気の建設部長を務め、一四ヵ所の水力発電所の建設を計画し、その設計と建設に関わった。広島電気も出資して設立された中国配電において、織田は取締役と電機製造所長を務めていた。終戦後に中国配電を辞し、広島電気時代から培ってきた技術を農村の改善に役立たせたいと考え、地域における小水力発電の普及に注力した。中国電力管内に現在も小水力発電所が多く残っているのは、織田と中国電力の関係によるところが大きいとされている（中国小水力発電協会 二〇一二）。織田は、一九四七年に中小水力発電プラントメーカーのイームル商会を設立し、一九五〇年にはイームル工業に名称を変更して、広島県をはじめ、山間地域へ小水力発電の導入に奔走するいっぽう、小水力開発可能地点の調査をおこなっていた。

他県では、自ら発電装置は持たず、集落と電力会社の送電線を接続することで電化を実現する山村がほとんどであったが、広島県では農業協同組合が住民から出資金を自己資金とし、農林漁業金融公庫から融資を受けて小水力発電所を建設した。多くの農協は連携式小水力発電によったが、地域への配電を優先し、余剰電気だけを売電するケースもあった。

広島県の山村における小水力発電の展開

ここでは、戦後、連携式小水力発電所が最も多く建設された広島県の山村における取り組みについて史的に整理する。中国電力の前身である中国配電広島支店が一九四六年度にまとめた「農村電化概要」によると、広島県の三四七村のうち、六三村が未電化となっていた（中国配電広島支店 一九四六）。戦前の広島県は、広島市に本社があった広島電気が県内の主要地域だけでなく、岡山県、鳥取県、島根県にも電気を供給していたが、県内の山間部の隅々にまで電気が供給されていたわけではなかった。山村のなかには村営電気事業を設立した村もあったが、縁辺部は未電化のまま終戦を迎えていた。広島県では、県北の山村が小水力による農村電化を強く要望していた。中国電力は、建設後の買電を見込んで、農山漁村電気導入促進法の適用を念頭に小水力発電所が建設可能な九地点を見つけ出し、行政もそれに積極的な姿勢を示していた（広島県 一九五四）。このうち、三地点には実際に小水力発電所が建設された。

表2−5は、一九六四年までに広島県内に建設された小水力発電所の一覧である。立地町村は、瀬戸内海に面した小方村を除けば、いずれも山村である。広島県では、一九六四年までに三六の小水力発電所が建設され、その後も一九六八年までに二つの発電所が建設された。最も古いのは、戦前の一九二七年に有限責任豊松村電気利用組合が建設した豊松水力発電所で、戦後の一九四九年に電力不足から貝原川発電所を増設している。戦前の広島県には、七つの電気利用組合があったが、水力発電所が戦後も使用されていたのは豊松村だけに留まる。なお、豊松村（一九五〇年では世帯数七五二戸、人口四六七七人）の電気利用組合は、前述の長野県竜丘電気利用組合と同様に、自家発電、単独配電方式による発送配電設備を所有して小さな自給自足

圏を完成させており、一九五二年時点において未点灯家屋は一戸で（農林省農業改良局 一九五二）、電気利用組合とはいえ、実態は村営電気事業と同様の性格を有していた。

表2−5によると、小水力発電所を建設した農業協同組合のある町村の世帯数は平均で七五二戸、人口は平均で三七三六人となっている。戸河内町、芸北町、西城町、小方町のように世帯数が一五〇〇を超える地域も含まれているが、いずれも合併後の世帯数・人口であり、合併前の小村には未電化集落が点在していたものと考えられる。次に発電所規模をみると、最大出力の最大は吉和村農協・吉和発電所の二五〇キロワット、最小は戦前からの豊松村・豊松発電所の二四キロワットとなっており、三六発電所の平均は一一六・七キロワットとなっている。中国山地の河川は、地形的に河川勾配が緩く、落差の大きな地点を見つけることは容易ではなく、落差の平均は三八・七メートルとなっていて出力も高くはない。水車製造はほとんどが織田の設立したイームル社製となっており、織田の現状と将来を見据えた小水力発電の普及方針が浸透していた様子がうかがえる。一キロワット時の電気料金をみると、村営的性格が強かった豊松村、豊松農協では二円、戸河内町の横川農協では二円五〇銭、芸北電化農協でも二円三五銭と二円台であったが、そのほかの平均は三円三三銭であった。データからは、これらの小水力発電所のうち、豊松村・豊松農協、芸北電化農協では余剰電力を中国電力へ売電し、横川農協では組合員以外の村民に余剰電力を売電するなど、これらは単独式自家発電であった。それ以外の農協は連携式自家発電であったようである。なお、表2−5に示した三六の小水力発電所のうち、一九の発電所は現在も稼働している。

これらのほとんどは、一九五二年に制定された農山漁村電気導入促進法に基づいて建設された。同法は、

水車製造者	発電機製造者	料金	備考	現状
		円/kWh		
日立 イームル改造	富士電機	2.00	余剰売電	
電業社	明電舎	2.00	余剰売電	
イームル	明電舎	3.30		
石川島	西芝電機	2.50	会員外 余剰売電	
イームル	三菱電機	3.55		稼働中
イームル	明電舎	3.63		
イームル	明電舎		余剰売電	
イームル	三菱電機	2.35	余剰売電	
日立 イームル改造	日立		余剰売電	
イームル	三菱電機	3.25		稼働中
イームル	明電舎	3.65		稼働中
イームル	三菱電機	3.70		
イームル	明電舎	3.30		稼働中
イームル	明電舎	3.40		
イームル	明電舎			稼働中
イームル	明電舎	3.60		
イームル	明電舎	3.55		
イームル	明電舎	3.20		稼働中
イームル	明電舎	3.35		稼働中
イームル	明電舎	3.47		
イームル	明電舎	3.20		稼働中
イームル	三菱電機	3.55		稼働中
イームル	明電舎	3.20		稼働中
イームル	明電舎	3.25		稼働中
イームル	明電舎	3.20		
イームル	明電舎	3.15		
イームル	三菱電機	3.20		稼働中
イームル	三菱電機	3.10		稼働中
イームル	三菱電機	3.10		稼働中
イームル	明電舎	3.30		稼働中
イームル	明電舎	3.26		稼働中
イームル	明電舎	3.17		
イームル	三菱電機	3.28		稼働中
イームル	明電舎	3.18		稼働中
イームル	明電舎	3.24		
イームル	明電舎	3.28		稼働中

広島県小水力発電協会（1963）「広島県の小水力発電」（広島県立文書館所蔵），中国小水力発電協会（2012）「中国小水力発電協会60年史」，広島県統計書より作成。

注1）町村名は水力発電所の建設位置により1950年10月1日現在の町村名とした。

2）芸北町の世帯数と人口は，芸北電化が1956.9に合併した美和村，中野村，八幡村，雄鹿村の範囲を供給地域としていたことから，世帯数と人口は4村を合算したものとした。

3）17の有原発電所については，事業主体となった農協名が不明のため，合併後の名称を（　）内に記した。

4）5の七曲発電所は，1992年の農協合併時に豊平水力発電所と名を変えて，現在は広島市農業協同組合が運転している。

5）広島県では上記以外に，1966年に八鉾農業協同組合（西城町）が140kWの永金発電所を，1968年に世羅東部農業協同組合がダム式145kWの三川ダム発電所を建設し，現在も稼働中。

6）農協名称に，町，村の付いている農協もあれば，付いていない農協もあるが，名称については参照資料に従った。

表 2-5　戦後の広島県における小水力発電開発状況（竣工順）

	施設者名・農協名	町村名（1950年現在）	発電所名	竣工年月	町村 1950.10.1現在		落差（m）	出力（kW）
					世帯数	人口		
1	豊松村	豊松村	豊松	1927. 11	752	4, 677	31. 8	24
2	豊松農業協同組合		貝原川	1949. 10			24. 2	60
3	高南農業協同組合	高南村	関川第一	1949. 11	813	3, 866	15. 4	52
4	横川農業協同組合	戸河内町	横川	1952. 1	1, 534	6, 844	15. 4	52
5	吉坂農業協同組合	吉坂村	七曲	1953. 5	755	3, 530	16. 3	100
6	佐北電化農業協同組合	四和村	岩倉	1953. 6	375	1, 646	31. 3	100
7	芸北電化農業協同組合	芸北町	大仙原	1953. 12			28. 9	92
8	〃	〃	大佐川	1953. 12	1, 626	7, 503	28. 6	92
9	〃	〃	大暮	1954. 5			48. 1	63
10	上水内農業協同組合	上水内村	水内川第一	1954. 4	682	3, 042	46. 6	170
11	志和堀農業協同組合	志和堀村	志和堀	1954. 7	534	2, 451	25. 8	86
12	板木農業協同組合	板木村	鬼ヶ城	1955. 3	759	3, 952	24. 5	60
13	都谷農業協同組合	都谷村	都谷	1955. 5	744	3, 596	54. 5	118
14	西城町農業協同組合	西城町	明賀	1955. 7	1, 752	9, 357	14. 0	83
15	〃	〃	別所	1955. 9			38. 8	213
16	甲奴農業協同組合	甲奴村	甲奴	1945. 11	532	2, 588	18. 3	70
17	（三次市農業協同組合）	川西村	有原	1957. 1	644	3, 544	14. 0	105
18	下高野山農業協同組合 上高野山上農業協同組合	高野町	高暮	1957. 10	393 603	2, 143 3, 384	19. 2	155
19	壬生農業協同組合	壬生町	壬生	1957. 11	696	3, 411	19. 9	162
20	今津野農業協同組合	今津野村	今津野	1958. 2	331	1, 699	41. 2	108
21	田森農業協同組合	田森村	田森	1958. 12	457	2, 574	38. 7	100
22	藤尾村農業協同組合	藤尾村	藤尾	1959. 1	222	1, 283	53. 7	77
23	砂谷農業協同組合	砂谷村	砂谷	1959. 2	852	3, 797	56. 3	100
24	吉和村農業協同組合	吉和村	吉和	1959. 3	625	2, 673	36. 7	250
25	小方農業協同組合	小方町	小方	1960. 2	1, 582	7, 816	235. 0	95
26	打尾谷・水内農協	水内村	湯来	1960. 9	767	3, 622	34. 8	180
27	布野村農業協同組合	布野村	天神	1961. 2	820	4, 227	47. 2	130
28	田森農業協同組合	田森村	竹森	1961. 4	前掲	前掲	24. 0	200
29	四和農業協同組合	四和村	四和	1961. 4	前掲	前掲	25. 5	180
30	畑農業協同組合	南方村	潜竜	1962. 4	411	1, 913	67. 7	95
31	口南農業協同組合	口南村	口南	1962. 1	557	3, 145	13. 0	95
32	小奴可農業協同組合	小奴可村	小奴可	1962. 11	776	4, 107	32. 9	165
33	西城町農業協同組合	西城町	法京寺	1962. 12	前掲	前掲	14. 4	205
34	虫所山農業協同組合	吉和村	所山	1963. 12 予	前掲	前掲	118. 2	205
35	三入農業協同組合	小河内村	南原	1963. 12 予	456	2, 220	79. 8	130
36	布野村農業協同組合	布野村	河戸	1964. 1 予	前掲	前掲	13. 2	150

農協が水力発電所建設のための資金を農林漁業金融公庫から借り受けることを前提としている。公庫が農協に建設資金を貸し付ける条件として、受益者となる農協組合員は自己資金分を出資することが求められた。未電化山村の人々に出資金の拠出は容易ではなかったと思われる。本来なら、地域への送配電権を独占している電力会社が未電化山村の電化をすべて担うべきであったが、それを一部であるにせよ、受益者負担として出資させていた。農山漁村電気導入促進法によって、発配電設備の建設資金を政府系金融機関が融通したが、本来ならこれも電力会社が担うべき仕事であった。戦後の9電力会社は、一九五二年に民設民有、発送配電一貫の地域独占企業として発足したが、財政基盤が脆弱であり、9電力へ負担をかけようとしない当時の政策も垣間見える。この点については、出力一〇〇キロワット以下の小水力発電所では売電によって年間百万円の純利益が出て（沖 二〇一二）、農協経営に大きく貢献した（広島県農業協同組合中央会 一九八五）。

実際に、どのような過程を経て地域電化がなされたのであろうか。一九五三年に二つ、翌一九五四年に一つの計三つの小水力発電所を建設した広島県芸北町の芸北電化農協を例にみることにする。芸北町（現在の北広島町）は、一九五六年九月に美和村、中野村、八幡村、雄鹿原村が合併して成立した。農協は、合併より遅れて一九六六年に旧村単位にあった農協を合併し、芸北町農業協同組合が成立している。地域電化を担った専門農協だった芸北電化農業協同組合は、一九二四年に雄鹿原村に設立された大佐川電気株式会社を源としている。大佐川電気は、美和村、中野村、八幡村、雄鹿原村のほかに、戸河内町の一部を供給区域とするものであった。資本金十万円で設立されたが、当時の産業組合には員外（村外者）利用の道がなかったことから株式会社としたが、実質的には共存共栄の組合的存在であった（雄鹿原村 一九五七）。それは、山間部であるにもかかわらず、株主が九一四名を数えていることからも推測される。山村の電灯会社は、住民が少数株の株主となって支える側面があった（西野 二〇二〇）。

大佐川電気は、一九二九年に産業組合法による大佐川電気利用組合を設立した。同利用組合は、一九五〇年の産業組合法廃止にともなって芸北電化生活協同組合に改組し、一九五二年には農協法に基づいて芸北電化農業協同組合に組織替えした。芸北電化農協の発足当時は、大佐川電気時代に建設された水力発電所（六〇キロワット）が稼働していたが、電力の不足分を電力国家管理法によって設立された日本発送電から購入しており、その購入電力料金の高騰と電気需要の激増が芸北電化農協の経営を圧迫したことから、一九五三年には戦前からの水力発電所を廃止して、表2―5にある三つの小水力発電所（大仙原、大佐川、大暮）を新たに建設した（芸北町 二〇〇七）。

芸北電化農協は、小水力発電所建設費用と、戦前から使用している送配電施設の昇圧工事などの改良工事のために農林中央金庫から一一五二万円を借り入れる計画を立てた。その必要理由について「本組合は山県郡北部四ヶ村と戸河内村の僻陬《へきすう》二部落に自家用発電力と中国電力会社よりの購入電力によって供電していたが、購入電力の制限と料金の重圧に耐えかねて経費の行き詰まりを来たし、この儘《まま》では又元の無点灯地域に転落を気遣われたのでありましたが、偶《たまたま》農林漁業資金の長期融資の道が開かれたので先ず以て電源自給計画を樹《た》て、従来の発電所の取水、水路、鉄管、発電機器等を無駄のないよう再生利用するため、放水取水の二回発電による大佐川、大仙原の親子発電所と発電機器、鉄管の転用による大暮発電所が出来上がったのであります。即ち、新設（大仙原発電所）一、改設（旧大佐川発電所の水槽より三〇〇米上流へ）一、移設（旧大佐

表2-6　広島県芸北電化農業協同組合　1956年度 損益計算書

（円）

費用の部		収益の部		
科目	金額		科目	金額
事業直接費	1,925,649	事業収益	利用料	7,848,748
事業間接費	4,485,010	事業収益	臨時灯料	68,267
事業管理費	4,046,077	事業収益	臨時動力利用料	189,066
事業外費用	47,000	事業収益	売電料	2,810,177
期間外費用	6,960	事業収益	工事収入	436,590
当期利益金	1,279,544		事業間接収益	397,258
			事業外収益	27,919
			期間外収益	12,215
合計	11,790,240		合計	11,790,240

芸北電化農業協同組合（1953）「芸北電化農業協同組合事業計画」（広島県立文書館所蔵）より作成。

川発電所機器転用）一、の三発電所で国家的にみても有効適切で又能率的であると当局より推奨せられたのであります」と説明している。

これに対して芸北町は「当組合は県北の芸北地区一円一六八八戸に対し自家発電による電灯電力の供給を行っており、本計画は老朽施設の更新、並びに需要増にともなう電力損失の軽減と電圧改善のため六〇〇ボルト配電を目的とするもので、この施行は必要かつ適切と認められるので早急に貸し付け方を決定願いたい」と意見を添えている。この時の組合員数は、正組合員一五一八人、准組合員三一人で、電気供給を受ける組合員は一口一六〇〇円を出資し、出資口数七九七四口、払込済み出資金は四七五万八四〇〇円であった（広島県 一九五九）。

芸北電化農協の定款によると、その目的は「組合員が協同してその農業の生産能率をあげ、経済状態を改善し、社会的地位を高めること」と定められ、組合員資格は、住所と農用の土地が組合の地区にあること、五畝（約五アール）

以上の土地を耕作する農民、一〇坪以上の温室農業を営む農民、常時一頭以上のウシ、ウマ、ヒツジ、ブタ、二〇羽以上のニワトリ、一〇頭以上のカイウサギまたは五群以上のミツバチを飼養している農民などと規定され、農家以外でも、地区内に住所を有する者で組合の施設を利用することが適当であると認められた場合は準組合員として加入することができた。そして、組合員になるには、出資一口（一六〇〇円）以上を持たなければならず、払い込んだ出資総額に相当する財産が組合員の持分となった。協同組合であるがゆえに、出資は必須であった。なお、芸北電化農協は専門農協であることから、組合員は本来の農業協同組合にも出資する必要があったものとみられる。一九五一年度の芸北電化生活協同組合事業報告書によると、需要家戸数一七〇三戸に対して、従量灯需要戸数は八一五戸、定額灯需要戸数は八八八戸となっている。一九五〇年国勢調査結果によれば芸北町の世帯数は一六二六戸（表2－5）であったので、電灯普及率は一〇〇パーセントに達していたものと思われる（本章扉写真）。

表2－6は、一九五六年度における芸北電化農協の損益計算をまとめたものである。芸北電化農協は、自ら発送配電施設を有する単独式自家発電であり、余剰電力を売電していた。それによると、一九五六年度は、芸北電化農協の収益の六六・六パーセントが利用料、すなわち組合員の電気料金であり、余剰電力の売電収入が二三・八パーセントと電気料金と売電収入が収益の九〇・四パーセントを占めている。ここで注目すべきは、山村の生活協同組合が運営する電気事業において、約一二八万円もの利益が得られている点であり、供給戸数が一六〇〇戸程度の規模でも十分に経営が可能であったことである。

芸北電化農協の定款第七章には「余剰金の処分及び損失の処理」が定められており、配当の条件が細かく定められていた。実際には配当はされなかったが、収益がもっと多ければ配当が実施された可能性は十分にある。

芸北電化農協の事例より、多くの専門農協の小水力発電による地域電化は、未点灯の解消に留まらず、一定の経済的効果ももたらしたものと推測されるが、一九六〇年代前半からの高度経済成長による物価高騰、特に人件費の高騰によって発生電力量に限りのある小水力発電は、経営対応力がなく、会計に大きな圧迫を受けた（広島県農業協同組合中央会 一九八五）。それでも、連携式自家発電として小水力発電所は運転を続け、二〇一一年三月の東北沖大地震発生にともなう東京電力福島第一原子力発電所事故後、その存在が注目され、分散型再生可能エネルギーの一つとして小水力発電が見直されることとなった。

第五節　山村における小水力発電の展開から学ぶエネルギーコミュニティ――

本章では、一九七〇年頃までの日本の山村において、住民が主体的に地域の電化に取り組み生活を改善し産業を発展させた過程について述べてきた。戦後、一九五二年に制定された農山漁村電気導入促進法は、二〇万戸余りの未点灯家屋の電化を一気にすすめることとなったが、このことは裏を返せば、電気の普及に対して自由放任の立場を取り続けていた戦前の政府の農山漁村電化に対する無策ぶりを示している。ここで注目すべきは、政府が無策であったがゆえに、山村が自ら知恵を出し合い、電化資金を調達し、地域の振興をすすめていったことではないだろうか。戦後になって農山漁村電化を促進する法律が制定されたとはいえ、広島県の例でみたように、住民は電化組織を創出するために出資を余儀なくされ、専門農協による運営は当初こそ良好な結果を出せたものの、社会情勢が変化すると経営に苦慮するようにもなっていった。北海道でも、オホーツク海に面した雄武町と枝幸町において、電力の供給が北海道電力に切り替わる一九六八年まで、自治体、専門農協、住民が電化組織の経営と出資の負担に苦しめられた史実は象徴的であった。総じて、都市に創設された大手電灯会社の電気供給圏から除外された山村は、住民自らが出資したり、寄付金を拠出し、場合によっては住民が労力や資材を提供して地域電化を図らねばならなかった。私が知る範囲においては、戦前のこうした電化事業に対して起債は認められても、政府や県からの助成の類はなかった。それゆえに、電気事業を経営可能とする条件をもった山村において早期に取り組まれたものと考えられた（西野 二〇二〇）。こうした歴史から、我々は何を学び、未電化の開発途上国や地域に何を伝えていけばよいのだろうか。

国や地域によって歴史や制度が異なり、植民地支配を受けていた国や地域にはその遺構がある場合もあり、日本の農山村の経験をそのまま当てはめることはできないが、少なくとも、日本の山村における内発的な地域電化への取り組みは、東京電力福島第一原子力発電所事故後に議論が盛んとなった分散型再生可能エネルギーの可能性を探るモデルにはなり得るものと考えられる。

自由化がすすんだとはいえ、一九五二年の電力再編成によって誕生した民設民有、発送配電一貫、地域独占による9電力体制は維持され、巨大資本として政治経済にさまざまな影響を与えている。一九六四年七月に電気事業法が公布され、9電力が法認された。9電力は、それまで電力国家管理法に関連した公益事業令によって運営されていた。本章で説明してきたように、終戦直後に未電化であった地域は、9電力が積極的に電化したわけではなく、9電力に負担をかけないように農山漁村電気導入促進法に助けられて、電気事業法が公布された一九六四年頃には地域電化率が一〇〇パーセントに達していた。一九五二年から一九六四年までの間は、9電力がいわば体力を付ける期間であったとも取れる。この間、未電化地域では国からの助成はあったものの、住民出資をともない、地方自治体にも負担をかけながら電化を果たしていた。現在でも中国地方に見られる多くの小水力発電所も同様であった。

一九四一年の配電統制令によって八〇〇前後あった電灯会社、公営電気、規模の大きな電気利用組合は、国策会社である9配電会社に強制出資させられ、その形態は9電力に継承された。9電力は、民設民営とはいえ、原子力政策が政府の決定に依っているように、国策をそのまま反映させることになっているいっぽうで、競争相手不在の地域独占企業は、経営努力を必要としない総括原価方式によって巨大な利益を得てきた。そこでの経営姿勢は、消費者の視点に立ったものではなく、利潤を最大にするための効率性の追求であったと言ってもよく、その結果は、東京電力社長の世間の常識とはかけ離れた年俸となって現れていた。大企業は巨大化すればするほどより多くの収益を得るために効率性だけを追求するようになり、その存在は地域社会のニーズとは乖離していく。そうした企業的性格が露呈したのも福島原発事故であり、公益とは何かが強く問われるようになった。

そのいっぽう、原発事故当時の政府は、原発事故に過剰に反応しすぎて、全量固定価格買取制度による再生可能エネルギーの普及だけを早期にめざした結果、多くの再生可能エネルギービジネスが発達したものの、電源選択や電気事業の公益性を議論する場所はどこにも存在していないと言ってもよい。消費者の立場からは、新電力の参入によって9電力よりも電気料金が安価となった点は歓迎されたが、その先には何も見えていない。よく言われるエネルギーの国民的議論の場などどこにも存在していない。もし実現しようとするならば、それは全国民が9電力の株主総会で発言可能な株主になる以外に道はない。

このように考えてきたとき、住民が自らの出資や産業界からの寄付金によってエネルギーの地産地消や産業振興を成し遂げてきた山村では、戦前の電気利用組合や町村営電気事業、戦後の専門農協による地域電化が、町村と住民、農協と住民が対等の立場に立ってはじめて成立していたことに気づかされる。当時は、電化を図ることが第一義であったことから、電源選択や公益事業としての電気事業者のあり方を議論するような場面はほとんどなかったものと想像されるが、住民や産業資本からの寄付をともなった町村営電気事業や住民出資によって成立した電気利用組合の出資者や寄付者は、自分の出資や寄付がうまく活用されているかを意識し、出資先、寄付先である電気事業者の経営に関心を向けていたに違いない。それは自らの懐を減らしてまでも地域電化を望んだからでもあった。当時の人びとは、このことに気づいてなかったものと思われるが、こうした地域では電化を契機としたエネルギーコミュニティを形成していたと言ってもよい。電気利用組合、戦後の専門農協は、配当も可能としていた。私は、エネルギー問題の国民的議論の場を具体化するために、戦前の山村における町村営電気事業、電気利用組合をモデルとして、電気事業を公営化し、民主的なエネルギーコミュニティの形成を提唱している（西野 二〇二〇）。それは、一定の木材価格が維持できれば共有林は山間集落を維持する機能を有しており、そのような共有林を有していた山間集落では、人口は減少しても世帯数は同様に減少せず、共有林が生み出す利益配分が世帯数の減少を抑制してきたことが判ったからであった（西野 二〇一三）。

こうした条件下で形成されるコミュニティは強固であり、山村という地理的不利性を問題にしていなかった。社会学者のマッキーヴァーは、人々がコミュニティを創り出すのは、相互に意志して関係を取り結ぶときであるとし、それは関心の故であり、関心のためだと説明している（マッキーヴァー 一九七五）。言い換えれば、コミュニティは、同一の関心を共有する人びとによって形成されると考えられる。まさしく、未電化地域の人びとは、電化という点で共通の関心を持ち、自ら出資し実現してきた。

それによって形成されたコミュニティは、エネルギー問題に留まらず、共存共栄の道を失わず、住民の幸せを第一として産業振興へも知恵を絞り合える。本稿で紹介してきた住民の出資や寄付をともなう電気事業形態は、まさしく住民共通の関心の上に成立しており、利益配当が可能な協同組合方式は、コミュニティを強固なものとしていたとも考えられる。新自由主義的社会実現のための新自由主義的政策が拡大しているが、開発途上国の開発を考える場合には、コミュニティに基盤を置いた政策的思考が重要だと考えられる。このことを日本の農山村の地域電化史が物語っていることを強調しておきたい。

引用文献

岩手県農山漁村電気導入達成記念会（一九六八）『岩手県農山漁村電気導入のあゆみ』岩手県。

上林貞次郎（一九四八）『日本工業発達史論』学生書房。

岡谷市（一九七六）『岡谷市史 中巻』岡谷市。

沖武宏（二〇一二）「中国地方の小水力発電所六〇年の歴史に学ぶ」（『土地改良』二八二巻）、四六〜五一頁。

雄鹿原村（一九五七）『雄鹿原村史』雄鹿原村役場。

織田史郎（一九五二）『水力発電に就いて』イームル工業。

岐阜県土岐市立駄知小学校郷土史研究会（一九五九）『郷土駄知』駄知小学校。

京都府北桑田郡美山町長谷区（一九九五）『長谷区史』長谷区。

芸北町（二〇〇七）『芸北町誌』北広島町。

小出種彦（一九七七）『籠橋一族の百年』日本陶業新聞社。

産業組合中央会（一九二九）『電気利用組合に関する調査（産業組合調査資料 第三七輯）』（国立国会図書館蔵）。

週間朝日編（一九八八）『値段史年表』朝日新聞社。

新電気事業講座編集委員会（一九七七）『電気事業発達史』電力新報社。

田添信一（一九五七）「山村における電気導入の現状と問題点」（『農林時報』一六巻九号）、二三～二六頁。

駄知陶磁器工業協同組合・駄知輸出陶磁器完成協同組合（一九八一）『駄知陶業史』（非売品）。

竜丘村誌刊行編集委員会・竜丘村誌編纂委員会（一九六八）『竜丘村誌』甲陽書房。

中国小水力発電協会（二〇一二）『中国小水力発電協会六〇年史』中国小水力発電協会。

中部電力飯田支社広報課（一九八一）『伊那谷 電気の夜明け』飯田支社。

中部電力電気事業史編纂委員会（一九九五）『中部地方電気事業史 上巻』中部電力。

塚本六兵衛（一九四三）『籠橋休兵衛翁伝記』（非売品）。

中西聡編（二〇一三）『日本経済の歴史』名古屋大学出版会。

西野寿章（二〇〇七）「川の流れに支えられた日本の工業」（菊地俊夫編『川から広がる世界』二宮書店）、一〇二～一〇七頁。

西野寿章（二〇一三）『山村における事業展開と共有林の機能』原書房。

西野寿章（二〇一七）「戦後の岩手県における農山村の電化過程についての覚え書き」（『地域政策研究』一九巻四号）、一八九～二〇七頁。

西野寿章（二〇一八）「戦前の山村における町村営電気事業の展開と地域的条件――岐阜県を事例として――」（『産業研究』五三巻一・二合併号）、一〜一九頁。

西野寿章（二〇二〇）『日本地域電化史論』日本経済評論社。

農事電化協会（一九四〇）『本邦に於ける農事電化発達史』農事電化協会。

農林省農政局（一九四九）『農村に於ける小水力発電』農林省。

農林漁業金融金庫（二〇〇四）『農林漁業金融公庫五十年史』農林漁業金融金庫。

平野村（一九三二）『平野村誌 下巻』平野村（『復刻平野村誌 下巻』岡谷市）。

広島県農業協同組合中央会（一九八五）『広島県農業協同組合中央会三〇年史』同中央会。

僻地未点灯解消記念会（一九六七）『へき地未点灯解消のあゆみ』僻地未点灯解消記念会。

マッキーヴァー、ロバート・M（一九七五［一九一七］）『コミュニティ――社会学研究：社会生活の性質と基本法則に関する一試論』、中久郎・松本通晴監訳、ミネルヴァ書房。

美山町誌編さん委員会（二〇〇〇）『美山町誌 上巻』美山町。

山本茂美（一九七七）『あゝ野麦峠』角川書店。

資料

芸北電化農業協同組合（一九五三）「芸北電化農業協同組合事業計画」（広島県立文書館所蔵）。

中国小水力発電協会・鳥取県発電協会・島根県発電協会・広島県発電協会（一九五九）「陳状書」（広島県立文書館所蔵）。

中国配電広島支店（一九四六）「農村電化概要」（広島市立図書館所蔵）。

逓信省電気局（一九三九）「第三〇回電気事業要覧」（広島県立文書館所蔵）。

農林省（一九六二）「昭和三七年度農山漁村電気導入計画の策定について（協議）」（広島県立文書館所蔵）。

農林省農業改良局（一九五一）「農村用小水力発電所同利用村実態調査報告書」（広島県立文書館所蔵）。

広島県（一九五四）「芸北特定地域　小水力発電地点調査報告書」（広島県立文書館所蔵）。

広島県（一九五九）「農林漁業資金の借入申込に関する意見について〔回答〕」（広島県立文書館所蔵）。

広島県小水力発電協会（一九六三）「広島県の小水力発電」（広島県立文書館所蔵）。

第三章

日本の農村における地域水力の展開——水車を設置してみえてきたこと

岡村鉄兵

日本の木造水車（黒崎龍悟撮影）

第一節　水車力発電のさまざまな魅力

古い木製の上掛け水車がゴトゴトと音を立てながらも力強く回っている。一〇名ほどの関係者が固唾を飲んで見守るなか、発電機から延びるケーブルに電球をつなぐとパッと明かりが灯った。大きな歓声が上がり拍手が沸き起こる。二〇一五年、愛知県豊田市富永町における小型の水力発電プロジェクトの点灯式の一コマである。

私はこれまでさまざまな地域の水力発電プロジェクトに技術者として関わり、このような場面に何度も立ちあってきた。地域内外の人たちと苦労を重ね、発電プロジェクトの成功という達成感をみんなで一緒に味わうこの瞬間はいつも感慨深い。点灯はみんなの気持ちが一気に昂揚して弾ける瞬間なのだが、じつはそのタイミングは人によって異なっている。たとえば、私のような技術者は電球を点ける前に電圧計や電流計で事前に発電を確認している。興味深げに電圧計をのぞき込んでいる人のなかには発電の成功に気がついている人もいるだろうが、だれも声を上げず、静かに電灯が灯るのを待っている。そこには、地域水力発電ならではの連帯感がある。発電プロジェクトを通じて外部からの参加者は地域の人たちと知り合い、自然や文化に触れるなかで地域に親しみを感じていく。地元の大工が年季の入った手つきで工具を使いこなし、ときには参加者が作業を手伝いながら水車は形を成していく。そして、集落を流れる水が目の前で水車を回転させ電球に光を灯す瞬間に、そのプロジェクトに結集された地域の力を実感できるのである。明かりが点いた時の地域住民と参加者の歓声は、水力発電の電気だけではない価値を反映しているように思う。

現在、過疎化がすすむ多くの地域で文化継承や観光促進、産業育成など、地域を活性化する取り組みがすすめられており、そのなかに地域の水力発電が取り入れられることがある。小規模な水力発電は、発電量に比べて費用がかかる。それでも多くの地域で導入が試みられるのは、単なる発電装置としてだけではない、水力発電がもつさまざまな副次効果が評価されているためである。本章では、日本の地域を活性化しようとする動きのなかで、導入や再建が試みられている小さな水力発電（ピコ水力発電）の多様な機能に着目し、設計から設置にまで関わる実践者・技術者の視点から電力だけではない水力発電の意義や魅力を探りながら、地域水力が現代日本の農村で果たしうる役割について考えてみたい。

以下では、まず本章が扱う水力発電の特徴について概観する。そして具体的な三つの地域の事例を取り上げ、発電技術や電気などの産物をめぐる人びとの動きを詳しく描いていく。最後に、三つの事例に見られる特徴をまとめ、水力への挑戦がもたらした新たな価値や意義について考察する。

第二節　ピコ水力発電の特徴

発電の規模

水力発電は、水系をめぐる自然環境（地形や地盤、気候、水量、落差など）と水の運動エネルギーを電気に変換する技術がうまくかみ合ってはじめて稼働する。一般に水力発電と聞けば、送電線につないで広い地域への電力供給をイメージする人も多いだろう。第二章でも示しているように、かつては日本でも各地で小規模な水力発電所が建設され、個人や地域が運営していたが、小規模の水力発電はコストパフォーマンスが悪いため、一九五〇年頃までに水力発電所の大型化がすすめられていった。そして近年、再生可能エネルギーの価値が見直され、身近な水路や小さな水源を再活用しようという動きがひろまってきた。私がこれまでに手がけてきた水力発電は、利用できる電力量が一世帯分よりも小さいものが多い。大きくても数世帯分で、売電しても維持費も出ないほどの事業性の低いものである。ここでは、そのようなきわめて規模の小さい水力を、「ピコ水力」と呼び、それを導入することの意義についてみていくこととする。

運用と管理

ピコ水力発電では、水車を含む発電システムについて、どこまで自分たちで作り、どのように維持管理するかという検討課題がある。システムの製作から設置、維持管理をすべて業者に委託すれば確実に発電できるかもしれないが、そのいっぽうでコストが高くなるのはもちろんのこと、コミュニティが地域の水源を使って地域を活性化していこうとするせっかくの機運をそぐことにもなりかねない。ダムを用いるような大型の水力発電は多数の専門スタッフと相応の機器や設備で運用・管理される。いっぽう、ピコ水力発電は高い技術水準が求められないため、地域のだれもが発電という事業に加わることができるのである。

水が水車を回し、その回転が発電機まで伝わっていく仕組みは一般の人が見てもよくわかる。ピコ水力の特徴であるわかりやすさは、水車を管理するうえでも重要である。水車にゴミが挟まっていたり、滑車にか

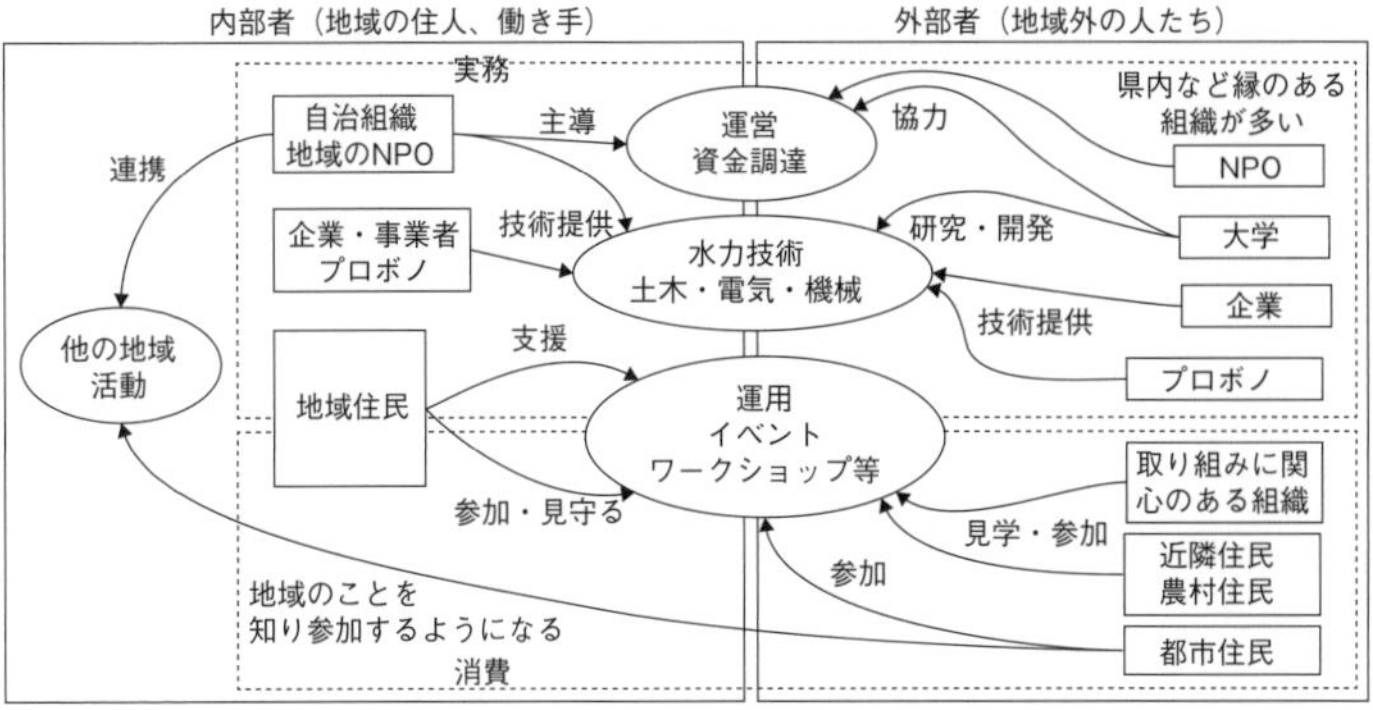

図３－１　地域活動における小型水力発電事業と地域内外の人と組織の相関図

かるベルトが滑っていたりという日常的なトラブルを発見しやすく、専門家ではなくても発電システムの維持管理に参入できる。車や他の電力・動力機械を触った経験や知識がある人なら大部分を自分で点検することができるだろう。水力発電は土木、機械、電気といった多様な工学的な要素を含んでいるものの、それぞれの技術は高度なものではなく、関心をもって取り組めばだれでも楽しみながら習得できるのである。ただし、水の流れから電気を使うところまでのシステム全体を見渡して運用するには多少のノウハウが必要で、実際には管理経験者とともに発電システムを運用しながら実績を重ねていくことが求められる。

また発電に関する管理だけではなく、発電した電気を何に使うか、イベントや観光用にどのように活かすかといった幅広い業務で人が関われるため、多くの人を巻き込んだ複合的な事業に拡充することもできる。活動への参画のしやすさや他事業との連繋のしやすさは地域で展開する水力発電の特徴である（図3－1）。

環境条件

日本のほとんどの農村には集落のなかに張りめぐらされた農業用水路があり、これをピコ水力発電に活用できる。この水路が湛える水は雨水がただ流れ込んできているわけではない。山々に降った雨水は土壌を通って沢に染み出し、それが集まって谷川となる。集落の上流に堰で取水された水は水路を通って集落や田畑をめぐるのである。

水路に一定の水量を流し続けるのは意外と難しい。積雪量や降雨量によって川の水位は大きく変動するし、水路の流量は土砂や、落ち葉・枝などのゴミが堆積するだけでも大きく減少する。安定した水量を保つためには、年間をとおして水路に設置された複数のゲートをときどき開閉し、取水口の落ち葉を頻繁に除去し、水路の底に貯まった土砂を定期的に掻き出すような作業が必要になる。このような水路を一つの水力発電のために構築するのは採算が合わないが、日本の農村には、水田に引水するための農業用水路とそれを維持管理する組合が完備されていて、古くから培われてきた水の管理システムがすでに機能しているのである。日本は、ピコ水力に必要な水利に関するインフラと管理技術をもすべての農村にもっている、言い換えれば、すべての農家が発電用の水源をもっている、世界でも類い希な地域だと言ってよいだろう。農業用水路もしくは農業用水路近くに設置されるピコ水力はその恩恵を最大限受けて、安定した流量による運用が可能となる。

農業用水路には急流や落差工（河川の勾配を安定させるために設ける段差）がいたるところにあり、そういう場所に水車を設置する。水車は落差の大きさでおおよそ適合するタイプが決まる。落差が大きい場合は上掛け水車、落差が小さければ下掛け水車、中間程度であれば胸掛け水車、または少し変わった水車として、軸に羽根が巻き付いた形のらせん水車が適している。本章の事例でも扱うらせん水車は、農業用水路に設置するのにとりわけ適した形態である（本書第一章、第五章参照）。実際には水の量や水路の形状や周辺の地形などを考慮して最も適した水車を選ぶことになる。

電気の使い道

先述したように、水力発電は規模が小さくなるほどコストパフォーマンスが悪く、水力でつくられた電気は家庭で買っている電気の一〇倍、高ければ一〇〇倍以上の発電コストがかかっている場合もある。規模の大きい水力発電であれば、電気は地域や事業体の共有資源として電力会社に売ることもできるが、ピコ水力の電気を売電したら大赤字になってしまう。したがって、ピコ水力でつくった電気は、売るのではなく、地域でうまく活用することを前提としている。そのための工夫もまた地域水力の想定外の副次効果を生んでいくことになる。

発電の仕組みを知り、地域水力から得られる電力には限りがあることを理解すれば、電気の使い方を考えるようになる。使う電気量に制限がかかるので不便なように思えるが、小さい電力を有効にやりくりするおもしろさがある。最近は電力消費が少ない電子機器やＬＥＤ照明などが増えてきて、小さい電力でもさまざまな使い道が考えられるようになった。そこには電気を大量に消費していたときにはまったく気がつかなかった発見があふれていて、こうした省エネ電気機器の開発もピコ水力発電の普及を支えるひとつの要因となっている。

外観

近年、「道の駅」は農村地域の人気スポットになっている。そういう場所で水車が回っていると、しばし足を止めて休憩がてら水車の回る様子を眺めている人は少なくない。ピコ水力発電の魅力の一つに、一瞬見入ってしまう、水と機械が織りなす動きの心地よさがある。実用的な水力発電は配管やケースのなかに水車（タービン）が収まっているため、外からは水やタービンの動きを見ることができない。その点、本章で取り扱うタイプの水車によるピコ水力発電は構造自体が単純なので、外からでも回転を見ることができる。回転速度は水車の種類や水車径などにもよるが一～六秒に一回転程度のゆっくりとしたもので、田園のゆったりとした雰囲気ともよく調和する。また水が羽根に吸い込まれ、そこからこぼれ落ちる一連の動きが生き物のようで見る人を惹きつける。

このようにピコ水力発電は発電量こそ少ないが、作るおもしろさ、見る心地よさ、使う楽しさにあふれた道具で、しかもこの身近な素朴な道具に触れていると知らず知らずのうちにエネルギーの大切さが身についていくという教材でもある。

以下では、このようなピコ水力発電の魅力と不思議な力を踏まえながら、私が技術者として関わった日本の事例を取り上げ、現代の農村地域におけるピコ水力発電がどのように活用されているのかを詳しくみていくことにする。

第三節　工夫と挑戦を生む水力――岐阜県郡上市白鳥町石徹白――

地域の概要

地域で水力発電事業に取り組み、それを起点とした地域活性化で大きな成果を出した事例が岐阜県郡上市の石徹白（いとしろ）地区（口絵1）にある。石徹白の水力発電に関する記録は平野（二〇一二）の論攷をはじめ数多くあるが、本書では地域が活性化するのにともなって水車の技術が向上していくプロセスに着目する。

石徹白は、岐阜県と福井県の県境に位置する越美山地の集落で、古くから白山信仰の拠点として多くの修験者や参詣者が訪れていた土地であった。村内を流れる石徹白川は、福井県を代表する九頭竜川の源流にあたるが、明治以降の周辺村との合併や編入を経て、一九五八年（昭和三三年）に村の大部分が岐阜県郡上郡白鳥町に編入されることになった。戦後まで道路も整備されない僻村であったが、岐阜県に編入される前年になってようやく郡上郡白鳥町に通じる車道が開通した（服部 二〇〇七）。電化も遅れていたため、村は一九五〇年（昭和二五年）に石徹白電気農業協同組合を組織して自力で水力発電に取り組み成功した。その後、一九五六年（昭和三一年）に北陸電力株式会社の送電がはじまり、それにともなって同年に石徹白電気農業協同組合は解散している。

石徹白は一九五〇年ごろには二〇〇世帯一二〇〇人ほどが居住していた（総務省統計局 二〇二〇a）というが、高度経済成長期に人口が流出し一九八〇年には人口は五〇〇人を割り込んだ（総務省統計局 二〇二〇b）。

そして二〇〇五年の段階で一一四世帯二七六名となった（総務省統計局 二〇二〇c）。小学生の数が一一人となり、小学校の存続が危ぶまれる事態となった。小学校が廃校になると、新たな子育て世代の移住の可能性がほとんど消滅してしまいかねない。強い危機感を抱いた石徹白の住民は、地域活性化のための組織NPO法人やすらぎの里石徹白を立ち上げ、歴史・文化の継承や都市部住人との交流などに取り組んだ。そして二〇〇七年には、県内のNPO法人地域再生機構の呼びかけで水力発電を軸とした地域活性化の試みを、科学技術振興機構（JST）からの支援を活用しながら始めた。発電システムの開発・製作・施工は同じ岐阜県内のプラント機器メーカーが請け負い、土木の工事は地域の土木事業者が、配電盤など電気機器部分も地元の電気事業者が担うことになった。

石徹白における水力実証試験の始まり

石徹白の集落のなかの急な斜面を農業用水路が通っている。二号用水と呼ばれ、流量は一秒間に二〇〇リットルほどもある。石徹白の水力事業が始まった二〇〇七年の夏、プロジェクトメンバー数名が、その水路に浮かべた落ち葉の流速を測り、水路の断面積から流量を算出していた。流れる水が速く水位は数センチメートルほどしかないため、見た目にはそんなに大量の水が流れているようには見えない。その様子を見学していた私は、流れる水の量を教えてもらい農業用水路が秘める水の力に驚いたことを覚えている。

当時、私は名古屋大学大学院の修士課程の学生で、らせん水車の出力特性について研究していた。指導教員を介して、石徹白でらせん水車による発電プロジェクトに関わらせてもらうことになったのである。石徹白での私の役割は、環境条件からかせん水車の出力を試算し、その値から水車の形状と滑車のギアの比率を決めることであった。私の計算をもとにらせん水車が設計され、二号用水の脇にバイパスの水路を通して二〇〇七年の年末にらせん水車一号機の発電システムが設置された。

羽根の直径は六〇センチメートル、長さは一二〇センチメートルで水車にしては小ぶりに見えるが、毎秒二〇〇リットルの水を水車全体が受けると人の力では止められない勢いで回転する。水車の回転は滑車とベルトの増速機構で発電機に伝えられる。ホームセンターなどでも購入できるVベルトを用い、消耗品を低コストで交換できるようにしてあった。当時はまだ水力の低回転速度に対応できる発電機が市販されておらず、洗濯機用のモーターを逆に発電機として利用することなども検討したが、自動車の発電機（オルタネーター）を使うことになった。オルタネーターは低回転でも発電できるうえ、中古品が安価で簡単に入手でき、しかもバッテリーに充電するための回路も内蔵されているなど、諸々のコストを抑えることができた。

この頃、らせん水車はほとんど知られておらず発電の事例は皆無で、らせん水車の発電システムの導入自体が画期的であった。そのため、石徹白のプロジェクトはそもそも期待している出力が得られるのかもわからない手探りの状況でスタートしたが、なんとか一〇〇〜二〇〇ワットの発電に成功した。これは、一世帯が必要とする電力の半分以下ではあるものの、自分たちで計画や実験などを積み重ねて発電までこぎ着けたことは、その後の展開の大きな第一歩であった。

これと併行して、外国製の二種類の水力発電機の適応試験もすすめていた。それらは密閉型で水車がケースのなかに納まっているタイプで、水車が小さいわりに出力が大きく、発電電力あたりに換算すると価格は安かった。しかし、それらは落ち葉やゴミが引っかかった時に取り除く労力が大きかったため、谷川の水が入り込む水路では使い物にならなかった。

大型のらせん水車による電力供給と水車羽根の自作

密閉型の水車を試したことで、ゴミが引っかかりにくく管理も容易というらせん水車の重要なメリットがクローズアップされた。そこで、らせん水車一号機よりも高い効率を目指したらせん水車の二号機を開発することにした。この頃、私はらせん水車一号機を製作した岐阜県内のプラント機器メーカーに就職し、企業の立場で石徹白の水力発電プロジェクトに関わり、水車の形状に加えて機械の設計にも携わるようになっていた。

一号機の導入当初から、一般家庭が地域で発電した電気を低価格で使えることを目標に、安価なパーツを使いながら維持管理も容易な発電システムの確立を目指していた。一号機よりも高い効率で発電できれば、急勾配の二号用水に沿って、いくつでもらせん水車が設置できるため、「集落の多くの家庭に電気を供給できる」という意見も上がっていた。

らせん水車二号機は二〇〇九年五月に完成した。羽根の直径を九〇センチメートルにひろげ、全体のボリュームは三倍以上の大きさとなり、当時の日本で最大クラスのらせん水車となった。見た目の変化も大きかったが、構造的な部分でも、増速機をベルトと滑車からギア式（歯車を内蔵した機械）に変更した。ギア式を用いると、据え付けてからの管理がほとんど不要となる反面、機械が故障したときに住民だけでは修理できず、専門の技術者が新しい増速機に取り換えなければならない。この点は設計を担当していた私と県内NPOが協議し、最終的にベルトを使った場合のスリップがなくなって発電出力が増加することと、管理の手間がなくなることを優先して、ギアの増速機を選択した。

らせん水車二号機は、一号機と置き換える形で水路を拡張して設置され、はじめの発電実験にはプロジェクトの主なメンバーが集まった。高効率を目指し開発してきたものの、らせん水車のこのような形状の変更が出力にどの程度影響するかの実験データはなく、理論上の計算結果を頼りにした確証のない取り組みであった。このことからも共同でプロジェクトをすすめる県と地域の両NPOの決定が挑戦的だったことがうかがえる。実験の結果、発電出力は八〇〇ワットを超えて、一号機の四倍の出力となった。ねらい通りの成果に立ち会ったメンバー全員が安堵し、発電量に満足していた。この時、撮影された動画は県内NPOによってYoutubeで公開されている(1)。

らせん水車二号機の発電成功を受けて、同時期に同型のらせん水車をもう一基製作する計画がすすめられていた。らせん水車三号機は二号機と同じ形状、同じ構成のシステムであるが、水車の羽根の作り方を変えて地域の人たちでも手作業で製作できるようにし、費用も削減する試みであった。そのためには羽根を軽く扱いやすくし、加工機械を使わず簡易な技術で作れるものにする必要があった。そもそも、らせん水車は一般的な上掛け水車や下掛け水車よりも加工の難度が高い。らせん状の羽根の曲面は一枚の鉄板を曲げて作ろうとするとどこかに歪みが出て滑らかな曲面が崩れてしまうのだ。厚めの鉄板であれば広がる部分が伸びていくことで歪み分が調整されて滑らかな曲面が作れるが、どうしても重くなってしまい、大型のプレス加工

図3－2　羽根を地域で自作したらせん水車三号機

機が必要となるという問題がある。そこで三号機では薄い鉄板にレーザー切断機で歪みそうな部分に切れ目を入れ、らせん面を手で引っ張って簡単に作れるようにし、その外側をＦＲＰ（繊維強化樹脂）でコーティングすることにした。また軽量化のためにらせんの胴部分は、二号機では直径五〇センチメートルもある鋼管を使ったが、三号機では塩ビ管を使った。

その結果、シャフトなど一部の鉄部品は工場で加工するが、それ以外の部分は主に地域の電気事業者の手作業によって製作することができた（図3－2）。また三号機も設置し発電試験をした結果、二号機と同等の出力が得られた。しかしながら羽根の製作にそれなりに労力がかかるのと、羽根部分の改良で削減されるコストが発電システムの全体のコストに対して限定的であることから、らせん水車の発電システムが安価な電力源になるにはまだ開発の余地があるように思えた。その後、大型のらせん水車を地域で製作するという動きには繋がらなかったが、樹脂でらせん羽根を作るという発想は、「ピコピカ」という手作りキットの小型らせん水車発電システムの開発、そして製品化という成果に結びついた。「ピコピカ」は県内NPOと県内の中小企業によって開発され、石徹白をはじめ全国各地に導入されることとなった。

らせん水車二号機は最大八〇〇ワット、常時五〇〇ワット程度を発電し、電力は発電システムのすぐ横にある、地域NPOの事務所兼住宅に送られた。建物のなかには北陸電力の電気のコンセントとらせん水車の電気のコンセントの二系統が設置されており、水車の電気で照明や冷蔵庫、テレビ、電子レンジといった多くの電気機器が使えるようになっていて、地域のNPOのメンバーが誇らしげに説明してくれたことが印象に残っている。

上掛け水車発電システムと地域を活性化する活動への展開

発電した電力をやりくりして有効に使うことにピコ水力発電のひとつの価値とおもしろみがあることはすでに述べた。石徹白のプロジェクトでは、電気の有効利用ということは常に意識されてきたようである。三号機のらせん水車による発電システムの製作を終えて、プロジェクトの関係者はより公共性の高い電力利用を模索していた。また三基のらせん水車による発電システムの導入を経て、県内のプラントメーカーや地域の電気事業者には技術的な知見が蓄えられ、自信をもって発電に取り組めるようになっていた。次はより大きな発電にも取り組める、そのような意欲が満ちていた。

二〇〇九年以降、石徹白での活動はさらに活発になっていく。石徹白地域づくり協議会は「三〇年後も小学校を残そう」というスローガンで水力発電事業と産業づくりのプロジェクトの連携を計画した（市來二〇一八）。石徹白地域づくり協議会は「石徹白ビジョン」を策定し、定住促進や文化の継承などとともに産業創出を掲げた。そのなかで地域の特産品の開発活動をするための農産物加工所の再生プロジェクトがあり、新たな発電用の水車を作って、その電気を工場で使うこととなった。

四基目の水車は発電量を大きくするため、落差を活用しやすい上掛け水車を導入することとなった。農産物加工場はらせん水車二号機の下流にある。水路の分岐で少し流量が減ってはいるが、加工場前の水路に毎秒一五〇リットル程度の水が流れている。水路には水の勢いを抑えるための五〇センチメートル程度の落差工がいくつもあり、水が段々になって落下している。加工所より二〇メートルほど上流で取水して、水車まで水を水平に引いてくる。これにより三メートルの落差が生まれる。流量と落差から水車の大きさを決めると、水車は直径三メートル、幅一メートルほどの大型水車となった。あまりに大きくてトラックで運ぶことができないため、水車は二分割で製作し現地に搬入してから組み立てたほどだった。水車に連なる増速機と発電機も巨大なものとなった。これだけ装置が大きいと製作や機械部品の交換などの管理については地域の手から離れ、専門の技術者たちが必要となる。

石徹白の上掛け水車の最も大きな特徴は、鉄製の構造に木製の水車羽根が付いているところだろう（図3−3）。木製の水車羽根には地域のブランド木材である石徹白杉を使った。この木の羽根は自然素材のよい風合いがアクセントになっている反面、傷んでいくため交換が必要である。数年に一度、張り替え工事が地域の人の手によっておこなわれている。もちろん見た目や地域のブランド杉のＰＲという意味合いはあるが、

図3－3　石徹白地区の上掛け水車

あえて地域の人の手が入ることをよしとした決断でもあり、自分たちで作る、自給するという石徹白の自立した地域づくりの精神が体現されている。かつて京都の伏見工業高等学校（現在の京都工学院高等学校）で教鞭を執っておられた足立善彦先生は、水力発電をとおしてエネルギーの大切さとそれを活かした地域づくりの意義を生徒たちに説いておられた。後述する坂内で開いた水車の研究会で、足立先生は木造水車について、「朽ちやすいと頻繁に作り直さなければならないが、そのたびに製作の技術が継承され更新される」とおっしゃっていた。地域で継承される技術にとって、物質の耐久性だけでなく、むしろ「脆さ」にも重要な意味が潜んでいることに気づかされた。

この上掛け水車による発電システムの出力は最大三キロワット弱、常時は二キロワットほどとなった。このタイプの水車による発電としては相当大きい部類に入る。しかし加工所の電力の大部分を実際に供給しようとすると、大容量のバッテリーを多数用意することになり、コストが跳ね上がる。また農作物の乾燥機のような大電力を消費する装置を動かすためには、専用の巨大なインバーター（交流の電気をつくる装置）が必要となり、それも高価になってしまう。そこで農産物加工所内の照明など一部の電気を賄うことになった。

農産物加工所では特産品の開発がはじまり、トウモロコシの規格外品を使った商品、野菜や果物を加工したさまざまな商品が開発された。この施設で生産される加工品には「水車の電気が一部使われている」との説明書きがつけられた。まるで水力が食品の原料の一部かのような書きぶりがとてもユニークで、その加工品を特別なものとして感じることができた。上掛け水車の発電システム導入以降、石徹白の地域づくりはさらに勢いを増して、移住を希望する人も増えてきた。そして、減少の一途をたどって廃校目前だった小学校は無事継続できることになったのである。

水力から地域が得たもの

石徹白で水力発電の活動を始めて一年ほどがたった二〇〇八年五月に「岐阜小水力発電シンポジウムin石徹白」が開催され、二〇〇名近い人が石徹白の集落内の会場に集まった。二〇一一年の震災と原子力発電所の事故で急速に自然エネルギーが社会全体から注目されたが、それより三年も前に水力をテーマにこれだけの人が集落に集まったことは、住民にも大きなインパクトを与え、そうした外部者の関心も前述してきた諸活動を後押ししていたと考えられる。

上掛け水車の発電の後、石徹白の水力は一〇〇キロワット規模の大きい水力発電へと発展する。石徹白地区の全戸が出資し、運用益を地域の産業育成など地域づくりに活用するという事業となった。地域の共有の財産である水資源が、確かな利益として地域に還元されている。使用されている水車（タービン）は六方向からノズルが伸び、水を噴射して回す縦軸六射ペルトン水車というものでイタリア製だ。ノズルが六本あるので、流量の変動に合わせてノズルを開け閉めすることで高効率の発電ができるようになっている。どの水車にするかは自分たちでコストと効果を見合わせて選定し決めたという。設備の維持管理についても地域の電気事業者を中心に地域住民が担い、雇用を生み出している。

石徹白における水力発電の活動自体はうまくいくことばかりではなかった。予定通りの出力が出ない、コストが見合わない、故障するなど、多くの苦難もあった。結果的に各世帯が、らせん水車で電力自給するという取り組みには至ってはおらず、当初の目論見からは外れた結果となったこともある。しかし、活動の始めから水力発電の専門家に任せて、事業をすすめていたらどうなっていただろうか。おそらく水力発電の適地を探し、始めから最も経済性の高い一〇〇キロワット規模の発電に着手したのではないかと思う。その場合、果たして全戸出資による発電プロジェクトになり得ただろうか。多くの人たちが知恵と労力を出し合った水車による発電を経たからこそ、地域活動が活発化し、多くの住民が期待をもって現在の水力発電に出資することに至ることができたのではないだろうか。

第四節　小さな水力の価値——岐阜県揖斐郡揖斐川町坂内諸家——

地域の概要

旧坂内（さかうち）村は岐阜県と滋賀県にまたがる伊吹山地の中腹に位置し、揖斐川の源流の一つである坂内川の支流・白川の上流にある（口絵1）。滋賀県との県境に近い最奥の集落の一つである。二〇〇五年に旧揖斐川町と他四町村が合併し現在の揖斐川町となった。揖斐川町は九〇パーセント以上を山林が占め、その七〇パーセント近くが広葉樹の天然林である（岐阜県 二〇二〇）。秋には周辺の山々が美しい橙色に染まり、近隣のダムなどに多くの観光客が訪れる。坂内の村々はもともと主にブナ類の樹木を中心にした薪炭の産地で江戸時代には製炭業が盛んであったという。人口は一九五〇年には二六九〇人（総務省統計局 二〇二〇a）であったが、高度経済成長期を経て一九八〇年には三三一世帯八六三人（総務省統計局 二〇二〇b）に、さらに二〇一五年で一八二世帯三五〇人（総務省統計局 二〇二〇d）にまで減少している。

旧坂内村はもともと四つの地区に分かれていて、ここで取り上げる水力の活動はそのうちの諸家（もろか）地区の事例である。諸家地区は一四世帯三四人の集落で、多くの人が小規模な農業を営んでいる。河岸段丘を利用した水田には水量が豊富な農業用水路が張りめぐらされ、源流地域の良質な水を使ったコメは地域のブランド米として販売されている。

諸家には地域の活性化を担う組織はなく、地域内の有志が事業やイベントごとに集まって活動している。

二〇〇〇年ごろからの活動としては、紙漉き、機織り、吹きガラス、ブラストアート、民具づくりの活動者を中心に、地域の神社のお祭りとは別に秋祭りを開催している。外部から工芸作家を集め、バザーやライブ、スタンプラリーなどでにぎわうイベントである。住民たちは「四季と語らう諸家の里」をキャッチコピーに掲げ、地域の冬の生活は厳しくもあるが四季折々ののどかな自然や地域の文化を楽しんで暮らしていて、「そのような地域を外の人にも知って楽しんでもらいたい」という想いで活動しているという。そして地域を気に入ってくれた人が移住してくることも歓迎していて、工芸村の活動を始めてからこれまでに三世帯が移り住んできた。

地域には発電プロジェクト以前から木製の直径二メートルほどの上掛け水車が回っていた。この水車は一九九八年に、地域の景観にあった観光資源のひとつにすることをねらって地域の自治会が導入したもので、製作は地元の大工が担った。水車小屋のなかでは米搗きができるようになっていて、前述の地域ブランド米を水車でついたコメを「水車米」として販売していたこともあった。秋祭りのスタンプラリーの立ち寄りスポットになり、米搗きの実演をするなど地域を訪れる人たちを楽しませてきた。

大学が主体のピコ水力発電プロジェクト

諸家地区のピコ水力発電のプロジェクトは実証試験などの研究のために大学が主体となってすすめていた。研究を主導していたのは、当時の私の指導教員であった名古屋大学大学院環境学研究科の高野雅夫教授である。研究のため発電をおこなう外部者と地域活動に取り組む内部者とで目的が異なりながらも、住民が運用と管理をほとんど受けもってくれたおかげでコラボレーションが実現していた。

諸家の発電プロジェクトは二〇〇七年に始まった。当時、私は石徹白の発電プロジェクトに関わるかたわら、諸家地区でのらせん水車による水力発電の実証試験のプロジェクトにも参加することになった。水車はNPO法人校舎のない学校が運営する古民家の宿泊施設「竹姿庵」のすぐ近くの水路に設置し、電気は竹姿庵に送ることとなった。

プロジェクト発足時、日本国内でらせん水車による発電はほとんどなかった。そこで新たな発電システムを設計するために大学の研究者と技術者、前述の石徹白の事例でも関わっていた県内プラント機器メーカーが協力し、システムを新たに設計して製作・導入に至った。発電は成功し設計通りの発電出力が得られたが、発電量はおよそ三〇ワット、白熱電球一つが灯るか灯らないかという小さな出力だった。発電の目的が試験だったので、当初は発電した電気のほとんどを熱に変換して捨て、小さなLED照明一つを宿泊施設の玄関に取り付けた。このライトは水車が故障するまでの一〇年近く、竹姿庵の玄関を照らし続けた。

私は発電システムの設置までを大学院生として関わり、その後、前述のプラント機器メーカーの社員としてこの発電システムの改修作業やシステムの改良にたびたび諸家を訪れている。また私の後に大学院で学ぶ学生たちも研究を継続していたので、学生が通っていた期間は七年になる。

プロジェクトが大きな展開を見せたのは、私の研究を引き継いだ大学院生が、発電ではなく、電力の利用方法に関する研究に取り組み始めてからだった。三〇ワットというごく小さな発電出力でさまざまな家電を動かすことが試みられた。諸家のシステムは発電出力が石徹白のシステムに比べても非常に小さい。そこで照明をすべてＬＥＤに変え、小型の二層式洗濯機やキャンピングカーなどで用いられる小型の冷蔵庫を導入し、発電した電力だけで生活できる環境を整えていった。そして、三〇ワットの電力をうまくやりくりすることでこれらの家電をすべて動かすことに成功した。当時ＬＥＤ照明はほとんど既製品がなかったため、素子を組み合わせた手作りのＬＥＤ照明により消費電力の大幅な削減に取り組んだ。必ずしも大出力を目指すわけではなく、多少コストがかかっても電力の無駄をなくすことや環境負荷低減の工夫をするなど、経済性にこだわらない大学主体のプロジェクトならではの展開であった。

小さな水力の価値を体感する外部者

茅葺屋根の古民家「竹姿庵」への来訪者は、そこに宿泊し、ピコ水力の電気で暮らす体験ができる。学生による研究が終了してからも水力発電の体験のために大学関係者によってたびたび合宿がおこなわれている。年間の利用者は延べ一〇〇人程度だが、いろいろな大学の学生やＮＰＯ、社会福祉法人などの職員が授業や研修で利用するなど多い年は延べ一〇〇〇人もの利用者があったという。諸家を訪れる団体は、活発な地域の活動を広報や発電システムの管理者である住民のＡ氏をとおして知り、諸家を活動のフィールドや来訪地とするようになったという。Ａ氏は発電システムの管理だけでなく、外部者の受入れの窓口や、外部者と地域とのつなぎ役として、まさにこの事業のキーパーソンである。

私の所属していた大学でも、地域の現場を訪れてそこの環境や保全に関する課題に触れるという趣旨の合宿を学生や一般の人を対象に実施していた。そのなかには、私が企画し、学生と研究者一〇名ほどで実施したスタディツアーがあった。全二回で、一回目は日帰りで他地域のダムの水力発電を見学し、二回目は諸家の古民家に宿泊しながら水力発電の電気生活を体験した。ダムの水力発電所では一基三〇万キロワット級の発電機を見学し、現代のわれわれの生活を支える発電システムについて学習した。次に諸家の竹姿庵で今度は三〇ワットの水力発電を体験するというものであった。ダムで発電される三〇万キロワットは、諸家水車のじつに一〇〇〇万倍の出力であった。

莫大な発電量の違いを目の当たりにしながらも、目の前で休むことなくけなげに回り続ける鉄製の水車に頼もしさを感じるのが、竹姿庵での電力体験であった。近くの道の駅で地域の野菜や肉を買ってきて、水力で動かす冷蔵庫に入れる。夜はその材料で作った食事をＬＥＤ照明の下で食べる。食事の時のＬＥＤ照明は普通の家の照明と比べると一〇分の一程度の明るさだが、食事には十分であった。そのちょっと薄暗い明かりがときどきチラチラゆらぐ。それが水の流れの変化により発電量が変わり照明に影響しているのだと気がつくと、参加者は新鮮な驚きを覚えた。目の前のわずかな水流から作られた明かりに照らされながらの夕食は、自然の力を五感で体感する時間となった。そのときはプロジェクターを持ち込んで水力で映画も観た。電力を工夫しながら使うことで多くのことができるのである。

野菜は育て方によって味や香りが変わる。しかし、電気の場合、一〇〇ボルトの電気は、それが水車でつくった電気であっても、原子力でつくられた電気でも、家庭のコンセントから出てくればまったく同じである。むしろ、電気の供給源という観点からは、水車による水力は安定性や信頼性に劣り、価格が高いという意味において質が劣る電源と見なされがちである。しかし、地域水力であれば、発電所の製作や設置に関わることや、運用における維持管理の苦心や工夫などを体験することができ、電気やエネルギーの意味を肌で感じることができるのである。自分自身がそのようなプロセスに参画していない場合でも、地域の人たちのプロジェクトのことを知ってから「ゆらめく電気」を利用するとまったく違う味わいが得られる。「竹姿庵」に宿泊した人たちは電力が生み出され、それを使う体験をしたことで、電気自体に強い関心を抱いていた。「自分たちが使っているような電力を生み出すのはとても大変だ」と感想を述べていたが、こうした経験が電気を当たり前に使う普段の暮らしを顧みる契機となるかもしれない。「都会とちがう自然の暮らしのなかで電気を使うことで自然の力に気づいた」という意見もあった。照明の明るさがゆらぐような電気の量の制限がある体験に対して、決してネガティブな印象はなく、むしろ農村の生産する力や自給する力を実感する体験となったのはうれしかった。

発電システムを支える住民

諸家の水力は外部者である大学が研究の内容に応じて活動方針を決めている。地域の住人や事業者が水力発電の製作に参加することはなかったが、実質的な運用や維持管理のほとんどは諸家における発電事業のキーパーソンA氏が中心となって担ってくれている。

A氏はもともと旧坂内村の商工会の職員で、地域の特産品の開発や自然環境を観光資源化する事業に取り組んできた。その後、旧坂内村の村長を二期八年務め、地元の森林組合長を経て、諸家地区の区長を一五年ほど務めるなど地域づくりを先導してきた人物である。「先人たちが苦労して築いてきた地域が過疎化して

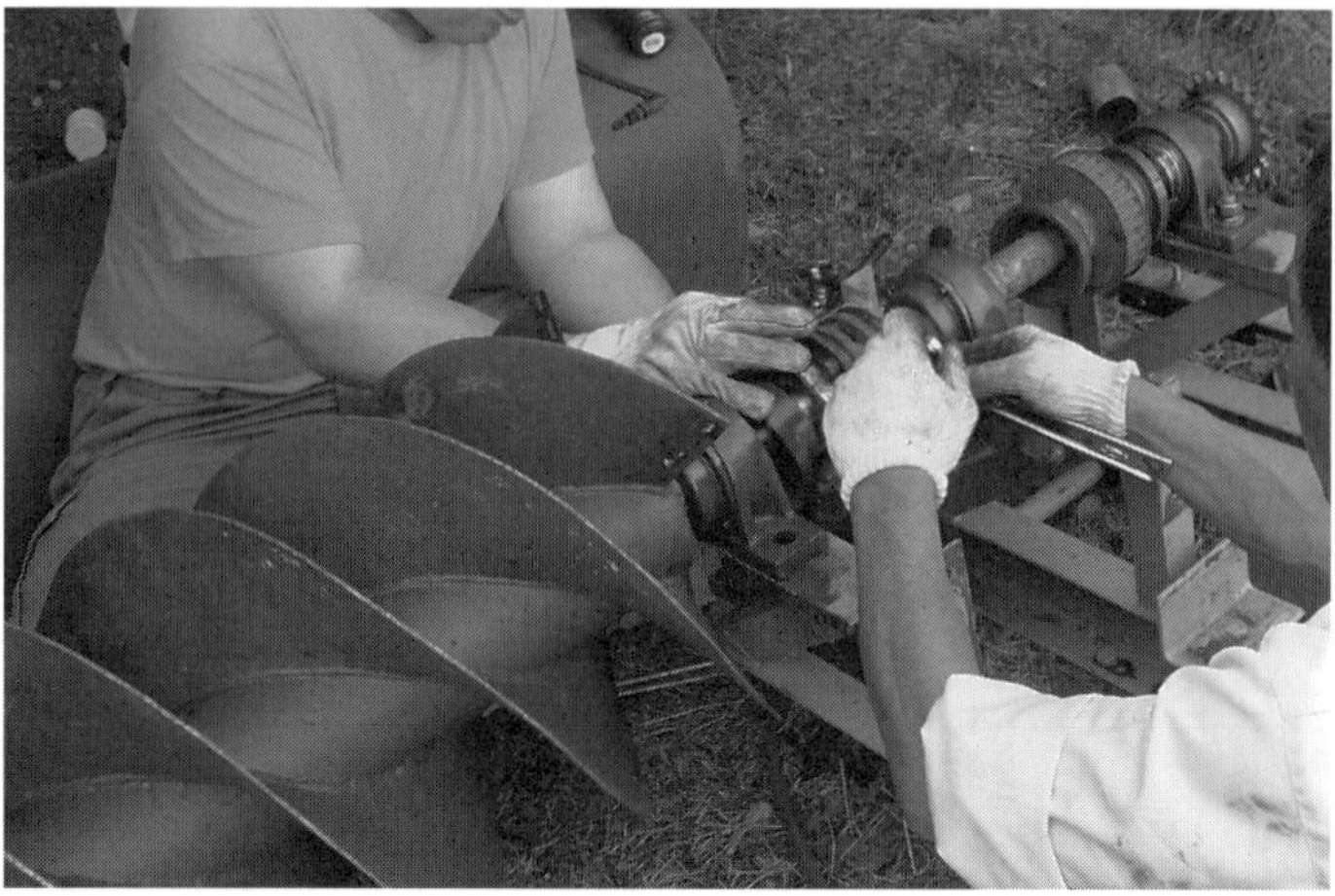

図3－4　現地でシステムを解体し技術者がカップリング（軸のつなぎ部分）を改修する様子

いくなか、何もしないわけにはいかない」とさまざまな地域の取り組み（彼は「地域の仕掛け」と呼ぶ）を牽引、サポートしてきた。

水車の運用と管理は、日常的な動作確認やゲート操作による流量の調整、故障時の緊急的な停止措置、周辺の草刈りや掃除、見学者の案内など多大な労力がかかるが、A氏はそれを担ってくれていた。機械の改修についても、A氏がさまざまな運用上の課題を見いだし、大学や私が所属していたプラント機器メーカーと相談しながら、ベアリングの交換や機械部分を改良して三年をかけて運用しやすい水力発電システムを作り上げることができた。例えばA氏は、水車の回転を発電機に伝えるVベルトが水しぶきで濡れていることを見つけ、それがベルトの伸びとスリップを引き起こしているということを指摘してくれた。さらに彼は、自ら水除けのパーツを取り付け、Vベルトが長期間滑らないように改善してくれた。その他にも軸受けの異音や回転の不具合を見つけるとこまめに連絡をしてくれた。その結果を踏まえ、より消耗のしにくい軸受けに切り替えるなど改修がすすんだ（図3－4）。その後、スリップの問題はチェーンの機構を用いることでさらに長期の運用に耐えられるシステムに改良したが、チェーン機構になると金属加工やスプロケット（歯車）の交換などで専門の作業者が必要となり、住民だけでは扱いにくくなるという問題もあった。石徹白の事例でもあったように、長期的に手のかからないシステムと住民の改修のしやすさの間にはどうしてもトレード・オフの関係がつきまとう。とはいえ、住民が管理の経験を踏まえたうえで技術を選択し、運用を続けようとすること自体に意味があるといえよう。

諸家の水車管理にA氏以外の住民が携わることはほとんどなかった。無関心というわけではなく、水車の据え付けを見に来たり、水車の電気で点けた街灯が消えていると声をかけてくれるなど、他の住民たちは遠巻きに水車を見守ってくれていると感じられた。

らせん水車は、外観のおもしろさから外部者の目にとまる機会が多い。宿泊体験などのスタディツアーはもちろん、地域の工芸作家と外から招かれた作家で開催される秋祭りでも、来訪者は地域の物産バザーやライブを楽しみながら水車に触れていく。秋祭りではメインイベントとしてスタンプラリーがおこなわれ、参加者は工芸品を出店している会場の家々を回る。二〇一四年のスタンプラリーでは集落の入り口にある木製水車と、集落のやや外れにあるらせん水車の二つが立ち寄りスポットとなった。木製水車では米搗きを実演し、らせん水車は「古民家マイクロ水力発電　実験中」という説明が掲示され、それぞれ地域の見どころの一つに組み入れられた。私も二〇一四年スタンプラリーでは会場で説明役をしていたが、多くの参加者が訪れ、水車を興味深げに眺めながら説明を聞いていた。自然豊かな集落を散策していて、水車の発電に出会ったことに珍しいと感じ、地域の自然を有効利用していることに感心する人も多かった。

秋祭りは一日のイベントで来場者は四〇〇人ほどにもなり、そのほとんど全員がスタンプラリーに参加する。外部から参加する工芸作家は多い時で一五名ほどいた。地域の住人が三四人であることを考えると、この祭りの規模がいかに大きいかがうかがえる。祭りの参加者は工芸作家や出店する住民との交流を楽しみ、リピーターとして毎年祭りを楽しみにする人も多い。

諸家における水力は、大学主導ということもあり地域全体を巻き込むという活動にはなっていない。しかし先進性や開発の独自性が他では見られないような水力の利用体験を生み、外部からの人を呼び寄せ、訪れた外部者たちに驚きや地域の力への気づきを与えることができていて、A氏の言う「地域の仕掛け」として機能している。ゆるやかに無理なく地域の活動に組み込まれながら運用される地域水力の一つのあり方として捉えることができるだろう。

第五節　賑わいを生む水力――愛知県豊田市富永町――

地域の概要

富永町は愛知県豊田市の北東部、木曽山脈に属する山々に囲まれた矢作川水系の上流部、標高約五〇〇メートルに位置する（口絵1）。富永町はかつて北設楽郡・東加茂郡に属していた旧稲武町にある八世帯二四人が住む小規模な集落である。稲武町は二〇〇五年に周辺の五町村と共に豊田市に合併されている。稲武は標高が高く、八七パーセントが山林という山深い地域（愛知県 二〇〇五）ではあるが、東西南北に主要道路が通っており、東西は豊田市から長野県飯田市、南北は岐阜県恵那市から愛知県の奥三河へ抜ける交通の要衝となっている。物流や通勤、観光などで交通量は多く、国道の交差する位置にある道の駅「どんぐりの里いなぶ」は年間利用者数が四〇万人ほどにもなり（豊田市 二〇二〇）、この地域の往来の多さがうかがえる。ただ、農村部の人口は、他の地域と同様、年々減る傾向にある。富永町は稲武の中心街からは五キロメートルほど離れており、主要道路からも少し奥まったところにあり、そこに八世帯が暮らしている。世帯数はわずかだが、その数は江戸時代から変わっていないのだという。地域のさまざまな活動や行事をいつも総出でおこなうような、少ないながらも関係の深い集落である。

精米から発電へ

富永町では定期的に地域の将来を考える会合をもつなどしながら地域の活性化プロジェクトに熱心に取り組んできた。旧稲武町が豊田市に合併されてからは豊田市の実施する「わくわく事業」という地域資源を活用した地域活動支援制度を利用し、地域の遺跡紹介のプロジェクト、お堂（祠）再生のプロジェクトなどをすすめてきた。

富永町では住民が子どものころには水車が五基ほど設置されて精米などに使われていた。そのような水車文化を復活させたいという思いが住民にはあった。その一人B氏は大工に依頼して水車と水車小屋を複数建てるほど水車に思い入れがあり、さらに自分でも小さな水車を作ってオルタネーター（自動車の発電機）で発電を試みるなど、精力的に地域水力の活用を推進してきた。地域の事業としての水車の設置は二〇〇〇年ごろから始まり、上掛け水車が二基、地域では「ソウズ（添水）」と呼ばれるししおどしのような形状の水車が二基設置された。

二〇一三年には、旧稲武町内に放置されていた、直径二・五メートルほどの木製の上掛け水車とその水車小屋、精米用の臼と杵、蕎麦を挽く石臼を、富永町に移設・再生しようというプロジェクトが豊田市の「わくわく事業」の予算ですすめられた。プロジェクトを主導するのはもちろん富永町の住民である。動力を伝達する部分などは木製の機械を扱う大工が新しく作り直した。一八六五年（元治二年）創設と記録のある水車の傷みも激しかったため、二〇一四年には水輪も大規模に改修された。この木製水車は一九三九年（昭和一四年）と一九五一年（昭和二六年）にも大規模に改修された記録が残っており、富永町での改修は確認できる三回目のものとなった。水輪の改修では近くの建設会社に改修を依頼しつつ、富永の住民たちも塗装作業などを手伝った。

富永町にはもう一人、水力プロジェクトに積極的に関わっていた住民C氏がいる。C氏は自動車機器メーカーに勤めていた経歴をもつ。そこで、小型電気自動車コムス（トヨタ車体株式会社）の製造に携わっていたことから、コムスを水力発電でつくった電気で走らせたいという構想をもっていた。このことから、C氏は水力プロジェクトの計画立案や事務を担い、水力システムでは電気部分の保守を担当することとなった。そして二〇一五年には、C氏からこの移設した上掛け水車小屋を発電用の施設に改築できないかと相談があり、私が設計してみることになった。はじめは電力を地産地消する集落として、富永町の活発な活動を、地域を訪れる人たちにアピールしたいという企画であった。電力の用途については、まだ地域でコムスを入手する予定はなかったため、コムスの電源にしたいというC氏の構想はなく、地域の見所の一つにもなっている祠「びんづるさん」を照らすという話が出ているだけだった。

手作り水車発電講座

当時、私はプラント機器メーカーに籍を置きながら大学で研究員としてらせん水車の発電システムの研究開発を続けるかたわら、持続可能な地域づくりや移住・定住促進の手法について実践的な研究にも取り組もうとしていた。ちょうどその頃、地域活性化の活動の一環として、NPO法人奥矢作森林塾が「空き家リフォーム塾」という企画を始めていた。空き家リフォーム塾は地方への移住・定住を促進するプロジェクトで、移住やリフォームに興味のある人たちがリフォームの専門家にノウハウを教わりながら実際に古民家をリフォームし、希望する人がその家に移住するというものだった。移住者にとってはリフォームのコストが安く済むし、地域の人たちと協働作業や食事をともにするなかで関係性を構築しながら、地域のことを知ったうえで移住できるという利点があった。参加者には農村での暮らしや自然環境を希望する人が多かった。このような外部者が参加して工事するやり方を富永町の水車の電化プロジェクトにも応用すれば、電化に必要な装置を自作して製作費を抑えるとともに、農村に興味のある外部者を集めて住民との交流を図れるのではないかと考えた。

富永町に移設した動力用の水車を水力発電に改築する企画に、リフォーム塾のアイデアを一部取り入れて、

表3－1　富永町における水車の発電システム化講座のスケジュールと内容

	日程	講座内容
第一回	7/25（土）	講演:「自然エネルギーと水力発電の様々な利用について」 ワークショップ:「水力発電計画を立てよう！　水力設計体験」
第二回	8/22（土）	講演:「水力発電の仕組みまるわかり講座 1 ～水車編～」 ワークショップ:「みんなでDIY水車発電ものづくり体験」
第三回	9/12（土）	講演:「水力発電の仕組みまるわかり講座 2 ～発電編～」 ワークショップ:「水車の電化をしよう！　施設、機械の設置作業体験」
第四回	10/10（土）	講演:「水車電気学～発電から電気を使うまで～」 ワークショップ:「電気をおいしくいただこう！　電気回路作り体験」
お披露目会	11/14（土）	富永町の地域活動の紹介 点灯式

システムの電化を講座として公開してはどうかと、富永町の住民に提案してみた。私が講師を務め、準備した材料で参加者と富永町の住民が発電部や制御回路を製作すれば、技術を習得しながら地域の活動を外部の人たちにも紹介できるし、諸経費も削減できるのではないかという私の案が受け入れられた。「手作り水車発電講座」と題されたこの講座は、専門知識がない人でも作業を理解しながら製作できるように、午前に座学で水力発電について勉強し、午後にはそれに関する製作を実習するというスタイルですすめ、全四回で水力発電システムが完成するというプログラムになっていた（表3－1）。材料や製作に関する段取りについては主に私が、講座の運営に関しては地域の人たちが担当することとなった。講座の日以外にも事前の打ち合わせや準

備に五日ほど要し、実質的な作業量は住民も私も講座の日を含めて一〇日程度になった。

「手作り水車発電講座」にはさまざまな年齢層の男女が参加した。毎回一五名程度が出席し、多い回には三〇名近い人が参加して活況を呈した。富永町の八世帯はつねに全員が参加し、半数が参加者として、半数が運営スタッフとして動いた。他の農村から参加している人も三分の一ほどいた。自分たちも水力発電をしたいという人、家族連れで農村でのレクリエーションのために訪れる人、田舎暮らしをしてみたいという人など、参加の動機もさまざまであった。豊田市役所の若手職員が地域の活動を知るための研修として数名参加した回もある。水力発電に関心のあるメーカー所属の参加者も一部いたが、参加者のほとんどは工業や工学分野とはまったく関係がなかった。

昼食は富永町のおもに女性たちが地元料理を振る舞った。昼食ではいつも食べ物のことから話が弾み、食文化や農業の話題など、外部の人たちにとっては富永の風土や暮らしを知るよい機会となった。あるとき、B氏が上掛け水車で地元のコメを搗き、おにぎりをつくって振る舞った。地域で昔水車を使っていた思い出話などを聞きながら、まさに当時と同じ水車で搗いた米を食べるという特別な体験であった。一晩かけてゆっくりと精米されるという話を聞きながら、参加者がおにぎりを大事そうに頬張っていたのが印象的だった。

製作の工程では、鉄鋼の加工や電気配線など、一般的な工作ではなかなか扱えないようなことにも挑戦し、何とか全四回でシステムが完成した（図3−5、口絵7）。第三回で発電機を固定し、試験的に発電し電球を点灯させたときは、冒頭で述べたように大いに盛り上がった。第四回では制御回路を製作したほか、びんづ

図3－5　水車発電作り講座の参加者でパーツの塗装準備をしているところ

るさんに照明を灯すために配線した。

全四回に加えて五回目としてお披露目会の集まりが企画され、参加者や関わりのあった人たちを招待した。当日は同じ稲武の他地区の人たちが様子を見に来たり、行政からも来賓があったりして賑わった。水車や発電システムの見学に加えて、住民が富永町のさまざまな取り組みをプレゼンテーションした後、改めてびんづるさんに設置された照明の点灯式がおこなわれた。参加者たちは講座中のような作業もなく、この会はただ気楽に楽しみ、地域の人たちにとってはお披露目会が最後の大仕事となった。

製作の苦労や地域の人たちと一緒に作ってきたこと、地域の自然や文化、住民のさまざまな活動を知り、水車で搗いたコメも食べ、五感で地域を体感しながら灯した明かりは参加者たちにとって格別なものであっただろう。発電量は三〇ワット程度だったので一日発電しても電気代としては二〇円程度であるが、それでは計れない価値が水力から生まれたのは明らかだった。

水車の電化は村に何をもたらしたのか

後日、富永町の人たちは、多くの人が意欲をもって活動に参加し、多数の外部者を受け入れながら発電に成功したことで大きな達成感が得られたと話してくれた。多くの人に富永町のよさを味わってもらえたのは私にとっても格別な思いであったし、地域のシンボルとなった水車小屋に発電の機能が備わって水車を実用的に利用するという目標に踏み出せたことには、富永の住民同様、私も大きな達成感を得ることができた。

「手作り水車発電講座」を開講したことで、都市部や周辺地域の外部者を集め地域を知ってもらう機会をつくることができた。しかし、移住・定住の促進に関する動きにはつながらなかった。リフォーム塾が移住を直接的に助ける活動であるのに対し、水車に関する活動は地域の魅力を伝えるきっかけにはなったが、移住とは直接つながらない。富永町の人たちも、移住・定住の受け入れにはそれほど積極的ではないように感じられた。もちろん移住者がいればうれしいという意見はあるのだが、よくよく聞いてみると、地域内の民家に空きがないので他地域のような空き家問題が存在していないということもあった。地域によっては移住者が来ること以上に、愛着のある土地で活き活きと暮らすことを最優先しながら、そういう生き方を外部の人たちとも共有したいと思っている人たちも少なくないのだろう。水車は豊かな生き方に作用する道具なのだと感じた。

その後、私は富永町の水力プロジェクトに関わることがなくなっていた。後から富永町の住民に聞いた話では、一般財団法人トヨタ・モビリティ基金が大学と共同研究する「中山間地域におけるモビリティ活用型モデルコミュニティの構築」というプロジェクトの実証試験地に富永町が選ばれ、水力を電源として一人乗り電気自動車コムスの運用を始めることになったという。コムスを住民が農作業で使いつつ、来訪者があれば地域内を移動する手段として使おうというものであった。当然のことながら、住民には共用の乗り物をシェアして運用するという経験はなく、うまく使いこなせないままバッテリーに不具合が生じ、それが水力発電システムのバッテリーの過放電を招いてしまった。バッテリーが壊れたため水力のシステムは止めなければならず、水力発電のプロジェクトは長期間休止することになった。

しばらく時間が過ぎ、二〇二〇年からプロジェクトが再び動き出している。地域内の有志が集まって新たにバッテリーを確保し、今度は水量を増やすか、ソーラーパネルを使うかして発電量を上げることを考えていて、コムスの運用についても再度チャレンジしたいと意欲をみせているという。

C氏は「水車が回っていると、地域が活動しているということがみんなに伝わる。逆に、止まった水車を見ているとみんなが不安になっていくように感じる」と話していた。富永町において水力発電の活動は、地域の活動の象徴であり、それは外部の人に対しても地域内部の住民に対しても、自分たちが活動しているというメッセージになっているというのである。外部者の視線や評価は、地域がさまざまな活動に取り組むときの励みになっていることは確かである。水車には、外部の視線を集め、活力を発信する力があるように思う。富永町は外部の評価をたくみに集めながら、農村の新たなライフスタイルを創出し発信している。水車や水力発電は、その活力を生み出す装置となっているようにも思える。

第六節　地域活動におけるピコ水力発電の多様な展開――

地域の特性にあわせて特徴が発揮されるピコ水力

過疎がすすむ中山間地域において、新たな地域づくりの活動に取り組んで地域を活性化しようという動きは多い。そのなかで産業の育成に成功し、人口や移住者を増やしていった事例は地域活性化のモデルとして広く知られるようになる。しかし、実際の地域の取り組みは必ずしもモデルに沿って展開していくわけではないし、モデルのレールからはずれたからといって直ちに失敗例となるわけでもない。地域の規模や、自然環境、周辺都市との地理的・社会経済的な関係など、地域ごとにまったく条件が異なるように、それぞれの地域における活動や住民の考え方もまたじつに多様である（芦田 二〇一八）。ピコ水力への思惑も人や地域によってさまざまで、また各地の地域特性のなかで発揮されるピコ水力の特性も多様であることを、本章の事例は示している。

電力の地産地消を大きな目標としていた石徹白の水力発電では、はじめから高い技術を外挿するのではなく、地域のキャパシティを見据えながら生態環境に合わせて、扱う技術の水準を調整することにこだわっていった。そのことが、最終的には経済性の高い一〇〇キロワット級の大型水力発電の実現へとつながっていった。石徹白では小さなならせん水車から始まり、試行錯誤を繰り返すなかで地域の住民や組織が技術的に成長していった。暗中模索のなかでつねに少し上の技術の水準と課題を目指しながら、可能な工夫と挑戦を継続することの重要性を示す事例であったといえる。

いっぽうで坂内地区の諸家の事例は、大学主導の事業ではあったものの、住民の協力を得ながら一つの水車を回し続けることで、環境を維持することの大切さと、限りあるエネルギーの使い方を考えさせるものだった。この事例では、とくにピコ水力発電の小さな電気を「味わう」ことに焦点をあてた。水量の増減でゆらぐ照明をとおして、人はそのときの天候や川の状態を想像し、自然と電気がつながっていることを実感することができる。電気をつくることや手作りした電気を使うプロセスに参画すること自体にイベント性があり、それはエネルギー問題を考える起点ともなる。

地域水力は、水車というどこか懐かしい牧歌的な雰囲気をもちながら、現代生活には不可欠な電気を生産するという実用性を兼ね備えているからこそ、多くの人びとを惹きつけるのだろう。富永町の取り組みは、地域水力がもつアンビバレントな二面性を如実に示す事例であった。地域を訪れる人たちは水力発電プロジェクトに参加して発電技術を習得し、住民との交流をとおして水車の昔話を楽しんでいた。住民もまた地元の水源を使って水車を現代的に蘇らせることに熱意を傾け、それに外部社会が注目することで活動へのモチベーションをさらに昂揚させているように思えた。そして、電気のハイテクは、農村の向上心をさらに刺激しているのである。

このように地域特性、事業の背景や性質の異なる地域の活動において、ピコ水力発電は自由にかたちを変えて活用され、それぞれの地域活動に新たな意味や動きを今も加え続けている。

失敗が許されるピコ水力

活動の展開が大きく異なる三つの事例をみてきたが、技術者の視点に立つと、そこには重要な共通点がある。ピコ水力はその名のとおり規模が小さいのだが、小さいがゆえに技術的な改良や工夫が容易で、失敗しても経済的な被害が小さく、やり直しができる。当たり前のように思えるが、このことがもつ意味は大きい。私はこれまで水力発電システムを地元の住民とともに製作し、地域の人たちに維持管理や運用を任せてきた。水力発電に関わった経験のある人はほとんどいなかったが、一緒に製作する過程でだれもが水車が回転するメカニズムや発電の原理・技術を習得していった。地域の自然資源である水が一年の間にどのように変化し、用水システムは地域社会のなかでどのように管理されてきたのかは、外部の者には把握できない。当地の住民が水力利用の技術を習得すれば、自然や社会が許す範囲のなかで、ピコ水力を自由に気兼ねなく工夫・改良して、地域に合った独自のおもしろい活動に挑戦することもできる。それゆえに失敗することもあるが、大規模な水力発電とは異なり失敗が許容されるのもピコ水力発電の重要な点である。本章で取り上げたどの事例においても、独自の改修や開発をすすめるなかで苦労し、失敗することが多々あったが、それはいずれもマイナスではなかった。失敗を許容し創意工夫を重ねることで、地域独自の水力発電システムがつくられていくのである。それは、別の地域で模倣され、失敗して改良されて、そこでも新しい地域水力が生み出されていくのである。

引用文献

愛知県（二〇〇五）『土地に関する統計年報（平成一六年版）』https://www.pref.aichi.jp/soshiki/toshi/0000030397.html（二〇二〇年一二月参照）。

芦田裕介（二〇一八）「等身大の地域社会――『地域活性化が見えなくするもの』」（川端浩平・安藤丈将編『サイレント・マジョリティとは誰か――フィールドから学ぶ地域社会学』ナカニシヤ出版）、四三～六一頁。

市來圭（二〇一八）「人も自然も地域のあらゆる資源を活かす地域づくり」（『REPORT』一七一号）、二五～二八頁。

岐阜県（二〇二〇）『平成三〇年度岐阜県森林・林業統計書』岐阜県林政部林政課 https://www.pref.gifu.lg.jp/uploaded/attachment/4937.pdf（二〇二〇年一二月参照）。

総務省統計局（二〇二〇a）『昭和二五年国勢調査・都道府県郡市区町村別人口』https://www.e-stat.go.jp/stat-search/file-download?statInfId=000007914599&fileKind=2（二〇二〇年一二月参照）。

総務省統計局（二〇二〇b）『昭和五五年国勢調査・第一次基本集計都道府県編』https://www.e-stat.go.jp/dbview?sid=0000030213（二〇二〇年一二月参照）。

総務省統計局（二〇二〇c）『平成一七年国勢調査・小地域集計・岐阜県』https://www.e-stat.go.jp/stat-search/file-download?statInfId=000002513887&fileKind=1（二〇二〇年一二月参照）。

総務省統計局（二〇二〇d）『平成二七年国勢調査・小地域集計・岐阜県』https://www.e-stat.go.jp/stat-search/file-download?statInfId=000031522101&fileKind=1（二〇二〇年一二月参照）。

豊田市（二〇二〇）「どんぐりの里いなぶ」（『稲武地区の概要〈令和二年度〉』豊田市稲武支所）https://www.city.toyota.aichi.jp/_res/projects/default_project/_page_/001/005/399/r02.pdf（二〇二〇年一〇月参照）。

服部勇（二〇〇七）「福井県石徹白村から岐阜県白鳥町石徹白地区へ」（『福井大学地域環境研究教育センター研究紀要「日本海地域の自然と環境」』一四号）、一三九～一四二頁。

平野彰秀（二〇一二）「マイクロ水力発電を活用した山村集落の再生」（『電気設備学会誌』三二巻四号）、二八三～二八七頁。

注

（1）石徹白螺旋水車設置 https://www.youtube.com/watch?v=_o_7THSRD0c（二〇二〇年一二月参照）。

第四章

創造的模倣としての水力発電——タンザニア農村における試みから

黒崎龍悟

タンザニア・ルデワ県の鉄製水車（黒崎龍悟撮影）

第一節　水車巡礼と模倣する農民

アフリカ大陸を東西に引き裂く造山活動は、タンザニアの南部に「南部高地」と呼ばれる急な斜面となだらかな丘陵が入り混じった独特な地形をつくりだした。標高一〇〇〇メートルから三〇〇〇メートルの高原は冷涼で過ごしやすく、古くからさまざまな人びとが行き交う民族の交差点でもあった。気候は雨季と乾季が明瞭にわかれているが、乾季でも水をたたえる渓流が多く、小さな水力発電には好適な場所がそこかしこにあった。私は、二〇〇一年以来、マテンゴと呼ばれる民族が暮らすタンザニア南部高地の農村（T村）で、地域開発にむけた実態調査や実践活動に取り組んできた。そして二〇一一年からは地域で組織された住民グループとともに小さな水力発電に挑戦するようになった。T村には電気がなく、それまで私も発電のような事業とはまったく無縁であった。水力発電は、そこから二〇〇キロメートルも離れた山地に住むパングワという民族の取り組みに刺激されて始めた活動であった。パングワ居住域の中心都市ンジョンベで鉄工所を経営するR氏を介して、山奥の村に電気の自給を目的に水力発電をする人たちが大勢いることを知り、T村の人と訪ねたのが発端だった。案内された先は、ンジョンベ市街地から遠く離れたへき地で、経済的に豊かとはいいがたい地域だった。ただ、村を貫く道路の脇には細いユーカリの丸太が等間隔に立ち並んでいてそこから伸びるワイヤーの先にはまぶしい光を放つ電灯がぶら下がっていた（口絵10）。出力はわずか数キロワット以下のピコ水力レベルとはいえ、同じタンザニアの農民が水車を自作し、廃品を組み合わせて発電システムを作り、自宅で電灯を灯すだけでなく、テレビを見る光景に、T村の人びとは目を見張った。余った電気は周囲の家に売って少なくない収入を得ているという。しかも、それが援助などに頼らず、村人だけで作りあげたと聞いて、驚きは尊敬に変わっていった。いろいろな村で、見過ごしてしまいそうな小さな水路で、個性あふれる水車が勢いよくまわっていた。巡礼のような旅を終えた一行には、水力発電に挑戦しないという選択肢はなかった。

後に述べるように、パングワの取り組みも、もとをたどれば近隣のキリスト教会の水力発電を模倣したものだった。教会の水力発電は、ダムを造成するほどの大きなものではないものの、専門的な技術を利用し、近隣の村々に電気を供給できる規模だが、パングワは、そのような水力発電を間近で見ることで構造を理解しながら、世帯レベルの利用に適用させていった。そして、T村の住人はさらにそれを地域の文脈に位置づけるかたちで模倣していったのである。

序章でも触れているように、地域レベルの小さな水力発電というのはおおよそ決まった型があるわけではなく、その環境ごとの条件のなかでかたちづくられている。したがって、ある地域で水力発電というアイデアを採用しても、修正や工夫が不可欠になる。日本の水力発電をみても、小さな水力に関する機器は一般化しているとはいえず、製作者たちが現場にあわせて創意工夫するすがたは本書の第三章で示したとおりである。タンザニアではなおさらである。水車に関連する部品があろうはずもなく、コストを抑えつつ、さまざまな工夫をこらしながらすべてを手作りする必要があった。見方を変えれば、手作りの水力発電は水車を勢いよく回すというただ一つの目的に向かって、自由な発想を交わしながら、かかわる人びとの能力を引き出す現場なのである。そして、未だ電気の恩恵を味わったことのない農村にとって、身近な自然資源を使って発電に成功すれば日本における戦前の農村がそうであったように、そのインパクトは大変なものになるだろう。それは、たとえ小さな発電でも、外部から電気がもたらされるのとはまったく違う意味をもつ。

本章では、タンザニア農村で自家用に使われる小さな水力発電を製作する過程において、人びとが地域の環境や利用形態にあわせて外来の技術を創意工夫していくすがたに着目する。そして、自分たちの環境から電気を生みだすということが、未電化地域にどのような影響をもたらすのかを考察してみたい。以下では、まずタンザニア農村における水力利用の始まりについて述べ、その後、パングワが実践する水力発電を概観しながらその特徴を明らかにしていく。そのうえで、T村での水力導入のプロセスを詳しく追っていく。T村の試行は難航することになるが、紆余曲折のプロセスを経たからこそみえてきた動きについて考察し、それを動力・電力以外の価値をもたらす地域水力のひとつの事例として位置づけてみたい。

第二節　水車空白地帯のアフリカ

世界やアフリカにおける水車の歴史については序章や第一章でも触れたが、水車がアジアからヨーロッパまで広く、そして多様に使われてきたなかで、サハラ以南のアフリカは長らく水車の空白地帯でありつづけた。歴史的な資料がとぼしいということではなく、回転運動の利用自体がなかったのである（川田 一九七九、本書第一章）。ヨーロッパでは歴史的に水車の普及とともに回転運動がさまざまに応用され（坂井 二〇〇六）、それはのちの産業革命を支えていったのだが、アフリカはその動きからも取り残され、むしろ世界のなかでも「回転運動を利用しない」特異な位置になっていった。

アフリカに水力利用が導入されたのがいつかについて、確かな情報を得ることは難しい。イギリスの植民地であった南アフリカにおいて一九世紀の終わりに水力発電を金鉱採掘や鉄道の敷設に利用していた[1]ということや、また一九三〇年代にはジンバブウェの大規模な商業的農家が水力発電を導入していた（Klunne and Michael 2010）という、断片的な情報が得られるぐらいである。本章が対象とするタンザニアについてみれば、水力利用がはじめて導入されたのは、第一章でも示したとおり、やはり植民地期における大規模な水力発電であった。タンザニアでは、一九六〇年代から現在まで、水力発電のための大型ダムが盛んに建設されてきた。ヨーロッパや日本でみられたような、水力の動力や揚水としての利用を経験することなく、いきなり巨大水力タービンがタンザニアに持ち込まれたのである。

このような国家的な発電事業とは無関係に、比較的小規模な水力発電も地方に導入されてきた。それは、先にも触れたように、キリスト教宣教団の活動拠点に導入されたものであった。タンザニアは最初にドイツの植民地支配下におかれた関係もあって、ローマ・カトリック教会が各地で精力的に布教活動をすすめてきた。一九六〇年代から一九七〇年代にかけて教会は全国の少なくとも一六以上の場所で小規模な水力発電所を建設して、それらはいまでも稼働している（Klunne and Michael 2010）。このような水力発電は、国営の電気が届かない辺縁地域において電力を地産地消するためのもので、余剰の電気が周辺の村々にも配られることもあった。

現在もタンザニアは大きな発電施設を築く技術も資金ももたず、エネルギー・インフラでは世界に大きく水をあけられている。タンザニアの電化率（二〇一八年）についていえば、国全体の平均で四〇パーセント、地方二三パーセント（IEA 2019）と、アフリカ全体と比較してもけっして高いとはいえない。このような状況のなかで、地方の、それも山奥で電灯を使うなど、夢のまた夢のように思われた。灯油ランプを使うことはあるが、経済的に少し余裕のある世帯のみで、それでも買い続けることは容易ではない。灯油ランプを使えない農村の人びとは、身近に入手できる薪や作物の残渣を燃やすことで明かりを得ていたのである。そして当然ながら調理も全面的に薪に依存してきた。いってみれば農村はバイオマスという自然エネルギーを活用してきた社会であり、またそのようなエネルギーのあつかいに長けているのが農村の人びとであった。しかし、電気に関しては、農村はまったく無縁であった。タンザニアを含むアフリカ諸国は、二〇〇〇年代中頃から急速な経済成長をみせてはいるが、都市と農村の格差は拡大するいっぽうで、その差をもっとも顕著に示す象徴が電気の有無であったといってもよいだろう。

第三節　山奥の村で手作りの水力発電に出会う

パングワの水力発電とそのルーツ

このような状況のなか、農村の人びとのあいだで二〇〇〇年を過ぎたころから新たな動きがみられるようになってきた。小さな水力の活用である。携帯電話やＬＥＤ電球などの新しい電気機器の急速な普及に触発されて、小さな水力発電に挑戦する地域が現れた。経済成長の枠組みのなかでも周縁化された山奥の農村では、電線が届くのを待っていてもまったく目処が立たないので、電気をつくりだすことにむしろ積極的になれたのかもしれない。手づくりの水力利用が最初に動きだしたのは、タンザニアのなかでももっとも辺境の地域だった。

タンザニアの南部に位置するンジョンベ州の南西、ルデワ県を中心にパングワたちが住んでいる（口絵2）。パングワは、歴史的に鍛冶を主たる生業とする民族として知られている（Barndon 2004）。冒頭で述べたように、私たちは、そのようなパングワの伝統生業を受け継ぐ一人とンジョンベの町で知り合った。鉄工所を経営するR氏に紹介してもらって、ルデワ県の山岳地帯の村々に独力で小さな水力発電に取り組んでいる人たちを訪ねた。

山岳地帯の未舗装道路を車でゆっくり下っていくと、斜面を下りきった深い谷底に小さな集落が点在していた。電力公社の系統電力など届くようなところではないのだが、路肩に折れそうな細い電柱が設置されているのが見えた。電線をたどっていくと村を流れる小川へと続いていて、そこに村人の手による掘っ立て小屋があった。最初に見たものは、隣に生えているバナナの葉の影にかくれてしまうほどの小さな小屋であったが、これが水力発電所であった。

手づくりの水車は、想像していたよりもなめらかに勢いよくまわり水しぶきをあげていた（本章扉写真）。水車は、廃棄されたガソリン式の発電機（日本で非常用電源として利用されるタイプと同じもの）から取り出したモーターに、手づくりのゴムベルトでつながれていた。大きさの異なる手製のプーリー（滑車）を貫くシャフトが、木製の架台に釘で打ち付けられ増速機となっていた。水車の回転はこの増速器で速められ、発電機につながれているのである。その「粗雑な」つくりからは一目見ただけでは、電気を生み出しているとはにわかに信じがたい代物だった。発電システムが生み出す電力は数一〇ワットから数キロワットとごくわずかなものだが、電灯はもちろんのこと、携帯電話の充電や、ラジオ、テレビやＤＶＤの利用などに使われている。このような身近に入手できる材料を最大限に活用した手作りの水力発電システムがこの地域の村々にいくつも存在していることに驚きを隠せなかった。

彼らの発電システムにおいて際立っているのが、廃材の利用だった。たとえば、プーリーについては、それほど市場に出回っているわけではなく、また、大きめのものを調達しようとすれば農民には手の届かない値段になってしまう。そこで、廃材の鉄板を加工して利用するほか、自転車のリムに補強のための板をはめこんだもので代替している。発電機とプーリーをつなぐベルトには、店で売っているディーゼル製粉機用のＶベルトではなく、古タイヤから紐状に細長く切り出したものを使っていた。手製のプーリーはベルトをひっかける溝の仕上がりが均一ではないため、規格品はうまく適合せず摩耗がはやい。古タイヤを再利用するほうが、手づくりのプーリーと相性がよく、耐久性が高いのだという。

水力発電で使用する発電機についていえば、先ほど述べたガソリン式の発電機を流用するほか、発電機そのものを店頭で入手することはできる。しかしとても高価なので、タンザニアでは発電機自体を自作する人たちがいて、発電機の製作利用も工夫や改良の対象となっている。また、発電機と構造的に似通っている部分があるトランスフォーマー（変圧器。ここでは電気を遠くまで送電するために使用する）を自作している人たち

図4－1　手作りの水車

図4－2　自転車のリムによる増速システムの例

図4－3　発電小屋の例

もいて、それはパングワの水力発電の事例でも取り入れられていた。

　このような水力発電を手がける人たちは専門的に工学技術を学んだわけではなかった。なかには小学校の教師などもいるが、ほとんどが地域の平均的な農民である。彼らは近隣のキリスト教会の発電所で見聞きした情報をもとに水力発電の仕組みを理解して、水車や周辺の設備を自作していった。例えば、この地域にあるローマ・カトリック教会ンジョンベ司教区のひとつを構成する教会では、一九七九年にスイスとドイツのドナーの協力を得て出力一四〇キロワットの水力発電システムを設置した。その電気は、教会に併設する診療所で使われるとともに近隣の村々にも電灯用として配電されている。病院、村評議会（行政の末端機構）、学校代表のメンバーで運営委員会が組織されており、住民が運営、メンテナンスの一部を担ってきた（Klunne and Michael 2010）。発電規模からして、住民が関与できる部分はかなり限定的だと考えられるが、水力発電は人びとにとって身近なものとして存在してきたのである。また、この地域で小さな水力発電を実践するある人物は、近くの教会でドイツ人の技師と仲良くなり、彼が自転車用の電灯をつけるためのダイナモ（発電機）をとりだして、それでラジオを鳴らしてみせたことが、水力発電に取り組むきっかけになったという。水力発電の実践者たちは、農業や養鶏など、日々のなりわいをとおして段階的に部品を購入し、自分たちの村の自然環境に合うように試行錯誤を繰り返して発電に成功してきたのである（図4−1、図4−2、図4−3、口絵8、口絵9）。

水力発電の社会的・文化的側面とその波及効果

もっとも、どの事例も発電に成功したからといって事業が完成するわけではなかった。技術的問題もさることながら、そこでは社会的調整が必要だからである。河川という共有資源を使って生み出された電気が個人の生活を潤しているだけであったら、周囲の住民はたとえ「その水は川に戻す」と聞かされても納得しないだろう。ルデワ県U村での発電システム所有者は、水力発電を始めたころは、たびたび発電システムが壊される嫌がらせを受けたと話してくれた。しかし、電気を地域に還元することで、次第に水力発電が村にとって有用なことが理解され、嫌がらせを受けることもなくなっていったという。U村では、所有者が使う電灯が集落の中心部の外灯のような役割を果たしていたり、わずかな入場料でDVD映画鑑賞会という娯楽の場を提供したり、また床屋に電気を供給することで電気バリカンが使えるようになり、村人は町まで出かけずとも散髪できるようになった。村によっては発電システムの所有者が他の村人にも電気を供給して収入を得ているケースもある。このように、たとえそこに少額の金銭の授受があっても、周囲の村人が電気という他に代えがたいエネルギーの恩恵を享受できることで、その社会のなかで発電事業が認められていくことになったのである（口絵11）。このことは、新しい事業、とりわけ河川という公共物を利用する事業が、多くの人びとの暮らしに貢献すること、またそれが人びとに理解されることの重要性を示している。もちろん電気は無尽蔵ではないので、電気を利用できる世帯と利用できない世帯がある。発電する人や電気を使う人は、電気のやりくりに苦心するのである。

そして、より多くのエネルギーを求める気持ちの先に、水源や流域の環境保全という発想がもちあがってきた（黒崎 二〇一六）。ルデワ県H村では、水量がもともと少なかったことから、水力発電システムの所有者M氏はとくに乾季の配電に苦労をしていた。M氏は、村のオフィスや雑貨屋など計九ヵ所に電灯用の電気を供給していた。電気供給の実績を積み重ねていくにつれ、電気は消費者たちの生活に欠かせないものとなり、電気が安定的に供給され続けることを強く望むようになっていった。そのために水源を保全しようという取り組みが具体的に検討され、M氏は村評議会に水源の保全を掛け合うようになった。やがて、M氏や、彼の電気を使う村人が村評議会の環境委員会のメンバーを務めるようになったことを契機に、村評議会は流域環境の保全に力を入れることになり、同村の谷川は豊かな植生に覆われるようになった。なお、厳密にいえば、川岸に建造物を設置したりするには水資源管理法に定められている手続きを経て、水・かんがい省から許可を得なければならないのだが、実際には本章であつかうような小さな事業による谷川や周辺の土地の利用は黙認され、地方行政の裁量で特別の許可が得られることが多い。それは単に法律の遵守がなされていないというよりも、こうした水力発電が電気や環境保全というかたちで地域社会に貢献していることが評価されているのだと考えられる。

私たちがパングワの取り組みを知ることになった頃、太陽光発電のためのソーラーパネルが比較的安く地方の町にも出回りつつあったが、関連機器を揃えるのにはまとまった現金が必要なため、所有するのは小学校の教師など、定期的な収入を得ているごく一部の住民に限られていた。太陽光発電は夜には発電できないことや、雨季には格段に発電効率が落ちることがデメリットとしてあげられる。いっぽう、ダムの造成をともなわない小さな水力発電システムは、ここまでみてきたように、既存の環境を大きく改変することなく設置できること、低コストで製作・維持できること、太陽光発電よりも稼働率が高いなどのメリットがある。電気をうまく融通すれば、定期的な収入にもなる。また、電気を使うという共同体験が組織的な環境保全へと展開することもある。

ここで触れなければいけないのは、小さな水力発電を実践する人びとの気質である。彼らは村を訪れた私たちに対して惜しみなくその工夫の数々を説明してくれた。私たちの細かい質問にも丁寧に対応し、発電に挑戦する同志としてその創意工夫を披瀝していたように思える。

ルデワ県の水力発電の事例は、後述するようなタンザニアの農村が直面している環境問題や地域経済の問題を打開するための有用な方法であると考えられた。そこで、私は長年のつき合いのある南部高地のT村にこのような小さな水力発電を始めてみることをもちかけてみたのだった。

第四節　マテンゴ社会のこれまで

マテンゴ社会が抱える課題

T村は、行政的にはルヴマ州ムビンガ県に属し、県庁所在地のムビンガ市街地から東に一五キロメートルほどのところに位置する静かな農村である（口絵2）。冒頭でも触れたように、私は、T村や周辺地域において、住民グループとともに二〇年近くにわたって生態環境の保全と地域経済の両立にかかわる研究と実践活動に携わってきた。タンザニアのどの地域でも、高まる人口圧や、土地利用にさまざまな制限を課してくる政策の影響で、土地をめぐるもめ事は日常化しており、ムビンガ県もその例外ではない。マテンゴ社会では、短期の休閑を組み入れた「ンゴロ」と呼ばれる在来農法が長く食料生産を支えてきた。ンゴロはマテンゴの言葉で「穴」を意味する。ムビンガ県では、すべての耕地が斜面といっても過言ではない。雨季には頻繁に豪雨が降るため、農業では土壌浸食を抑えることが何よりも優先される。雨季のはじめに繁茂した雑草を刈り、その草を束にして格子状（一辺一・五メートルほど）に並べ、格子内の表土を掘り上げて草束に被せていく。この作業を繰り返すことで畑の全面に格子状の畦とそれに囲まれた小さな窪地（穴）ができる。ンゴロ農法は、この窪地が急斜面を流れ落ちる雨水を受け止めて土壌の浸食を抑え、また埋め込まれた草の束が徐々に腐って肥料になるという、じつに巧妙な有機農法なのである。隔年で繰り返される耕起作業で土地の肥沃度は高く保たれ、マテンゴは安定して主食のトウモロコシと代表的な副食のインゲンマメを生産してきた。しかし人口の増加とともに利用できる土地が狭小化し、長年の連作で収量は低下傾向にある。かつてマテンゴは県西部のひときわ険しい山岳地帯に住みつき、人口の増加にともなって東側に広がる丘陵地への移住を繰り返してきた。T村はそのような移住した人びとによって形成された比較的新しい村ではある。しかし、やはり人口の増加による耕作地の拡大が林の開墾をすすめ、日常的な煮炊きに必要な薪や建材にもこと欠くようになってきている。さらに東へ移住するものもいるが、そこにはすでに別の民族が居住していて、広い地域で土地不足・環境破壊の問題が生じているのである。

マテンゴの地にはイギリス委任統治が始まった一九二〇年代に換金作物としてコーヒーが導入された。現在はタンザニアでも有名なコーヒー生産地としてほとんどの世帯がコーヒー生産に従事している。コーヒーをとおして比較的まとまった現金が手にできるとはいえ、生計はけっして安定しているわけではない。それは、世界市場でコーヒー価格が年毎に乱高下することによる。また、コーヒーからの収入は、食用作物の生産にも強く影響してくる。ンゴロ畑でも近年では地力が低下してきたことで化学肥料の利用が不可欠となっており、多くの世帯がコーヒーからの収益で化学肥料を購入し、トウモロコシやインゲンマメを栽培するようになっていた。現金収入を増やすだけでなく、土地をよりうまく集約的に活用する方法や林を保全することがその地に住み続けるうえで重要な課題となっていた。村の古老は口をそろえて、川の流量が確実に減っていることを話してくれた。村人は林や流域環境の保全の重要性はよく理解しているものの、日々の問題に対処するなかで、源頭部や流域の土地での耕作をやめることはできず、また植林に取り組むほどの余裕がなかった。いっぽう、この地域はコーヒー生産をとおして国の経済に寄与しながらも、首座都市ダルエスサラームから車で二日かかる辺境の地であるがゆえに、基幹的インフラの整備は遅れ、電化も市街地にとどまっていた。

水のあつかいに長けたマテンゴ

そのなかで、ルデワ県のパングワが実践する小さな水力発電は、T村の人びとに大きな興奮をもたらした。私が彼らの水力発電のことを知ったあとグループ・メンバー（以下、メンバー）にその話をすると、彼らも水力発電を見学したいということになり、さっそく二〇一一年九月に視察旅行が企画された。見学に参加したメンバーの帰村後、実際に取り組むまでに時間はかからなかった。すぐにメンバーで話し合いがもたれると、その有用性が共有され、小さな電化事業は一〇人ほどのメンバーで始まることとなった。水力発電が人びとを強く惹きつける要因のひとつは、それが電気という現代的なニーズを満たすからである。電灯やラジオ、テレビ、そして普及が加速している携帯電話の充電などが電気の主な用途として考えられている。電気を使った小さなビジネス（携帯電話の充電や映画・スポーツ鑑賞など）が、人びとに日々の収入をもたらすことも見学に行ったメンバーの印象に強く残っていた。診療所で薬を保管するための冷蔵庫や教育機関での利用などもイメージにある。これまで発電というのは完全に地域住民の手の外にあった技術であり、電気を自給できるということは大きなインパクトとなるのは間違いなかった。このように村人の思いは電気を使うことであったろうが、それに加えて、近年の課題として浮上している水源涵養林の保全にむけたインセンティブになることも期待できた。

図4－4　コーヒー畑を流れる水路

マテンゴは、もともと水のあつかいに長じた人びとである。山岳地帯に降り注ぐ年間一〇〇〇ミリメートルをこえる雨は厚い土壌に染み込み、乾季にはいたるところから地下水が湧き出ている。マテンゴはそうした湧き水を、勾配をうまく利用しながら家までひき入れ、飲用以外の生活用水として利用してきた。このような水の利用は、長い歴史をもつコーヒー生産とも関連している。コーヒーを収穫し生豆として出荷するまでの加工は基本的に農家の庭先でおこなわれる。そのとき使う大量の水を得るために、庭先まで引いた水路を利用するのである（図4－4）。また、二〇〇〇年以降に県内でよく見られるようになったのは、村単位での水道敷設であった。各村は自主的に水道委員会を組織し、供出金を募り、谷から水をひいて村のなかに水道をつくっていった。本来、水道工事は行政の仕事であり、住民が自主的に水道事業を手がけるのはタンザニアの農村では珍しいことだが、水路の工事に慣れていたマテンゴにはお手の物だったようだ。

私たちがパングワの取り組みを知る前にもムビンガ県において水力の利用は始まっていた。それが第一章でも示した手作りの水力製粉機だった。村では主食穀物の日常的な製粉にかかる出費が悩みの種である。そのようななか、ある村に住む小学校の元教員（N氏）が、キリスト教系のNGOカリタスが県内の農村に設置した水力製粉機に刺激されて、見よう見まねでそれを再現したのだった。彼は廃車になった車のボンネットなどを利用して水車や導水管を作っていた。谷川から水路をひき、小さな貯水池を造成し、そこから水を落として手作りの水車にあてることで製粉機を動かすのである（図1−2）。この事例では、発電ということまでは手がけられていなかったが、これも、マテンゴが水のあつかいに長けた人びとであることをよく示している。

私たちはT村も対象となった過去の農村開発プロジェクト（JICA・SCSRDプロジェクト、一九九九〜二〇〇四年実施。第一章、第六章参照。以下、プロジェクト）の活動のなかで、村内の水源への植林も実施していた。水源涵養林の再生を目指して在来樹種を中心に植林したが、当時はメンバーの関心の低い人気のない活動だった。しかし、二〇〇四年にプロジェクトが終了したのち、メンバーは植林の有益性を評価するようになり、そのことを強く意識しながら水道事業をすすめていくことになった（Kurosaki 2010）。水道事業のなかで水源涵養が有する意義とそれへの認識は少なからず醸成されていった。水力発電はさらなる環境の修復や保全を賦活する契機としてうってつけであると考えられた。私とメンバーは、当初、かぎられた条件のなかで最大の発電量を得るようにすることを優先に考えていた。電気を安定的に使えることが村人のニーズであり、また、ルデワ県の事例で学んだようにグループ外にもうまく電気を供給できれば、社会的ないさかいが起きにくく、収入も得られるということ、そして電気を使うということを味わえてこそ環境保全へのモチベーションが高まると考えたからである。試行ということでシステムの基幹的資材（水車製作、発電機・導水管用のパイプなど）を私が提供し、労力や追加的に必要となる設備や機器についてメンバーが負担するという段取りになった。

第五節　水力発電への挑戦

発電は成功

電化事業をはじめると決めてからの人びとの動きは速かった。まず場所を選定する必要があったが、すでにめぼしい候補地はメンバーのイメージのなかでできあがっていた。川から等高線にそって斜面地を横切る導水路を造り、約八メートルの落差を確保する計画となった。この土地はメンバーの一人の土地で、グループが借り上げることになった。この川の源頭部には、プロジェクトのもとでメンバーが水源涵養を目的として植林していたのだが、そのことも水力発電を後押ししていったのだろう。候補地が決まった段階で、水力製粉機を自作した小学校の元教員N氏を村に招いて、水路の構図を確認してもらうとともに、N氏に水路の掘り方を指導してもらうことにした。N氏は水力製粉機を作ったことはあったが、水力発電を手がけたことはなかった。しかし、ムビンガ周辺では水車を作ったことのある職人が他にいなかったことから、水車作りも彼に手伝ってもらうことにした。

場所が決まった後は、村の古老を交えて儀礼がとりおこなわれた。近隣の長老格の人びとを招き、事業の社会的承認を得るとともに、作業の無事を祈念するものだった。川の本流から導水路と貯水池を造る作業は、水路の造成に慣れたマテンゴにとってたやすいと思われたが、途中に大きな岩が導水路のルートをさえぎり、これを取り除くのに多大な労力を要した。薪を燃やして岩を熱し、そこに水をかけて急冷することで粉砕しやすくするという手法がとられた。これはマテンゴのルーツといわれる岩山が卓越する県西部の山岳地帯で、居住地を確保するために使われていた伝統的方法であった。水力発電を始める、というニュースが村内にひろまると、電気を分けてもらおうとして活動参加者は膨れていったのだが、岩の粉砕といったきつい作業があると「にわか」メンバーは次々と脱落していった。この間、村評議会や過去の水道事業で関係を築いていた県の水道局との連携のもとで事業の行政的手続きはすすめられていた。水道局の局員は、事務所に使われずに放置されていた水道管を村人に与えるなどして、事業を後押しした。

主要メンバーのモチベーションは衰えずに事業は着々とすすめられていったものの、ほかにも困難はあった。N氏の製作した水車は、パングワのところで見た開放型の水車ではなく、鉄板で作られた覆いのなかにおさめられた、いわゆるペルトン水車に似た構造となっていた。水を落下させると水車は勢いよくまわり、発電機を動かしはしたものの、電気機器に利用できるほどの電圧を生み出さなかった。またN氏の個人的な事情で継続的なサポートを得ることが難しかったため、メンバーは自分たちで水車や発電環境を改良することを迫られた。まずは、水車を囲う鉄板からの漏水を最大限なくすために、木片を加工してボルトナットで

図4－5　発電システムを改良する

固定していった。漏水は少なくなったものの、今度は、水車に落とす水量が多すぎて貯水池の水がすぐになくなってしまうという問題が認識されたため、導水管を途中から径の小さいものに変えて、取水量と放水量のバランスを整えた。また、導水路を掃除したり、導水管にゴミが混入しないためのスクリーン（ゴミ除け）を竹や木材を組み合わせて設置し、なるべく多くの水量を確保しようとした。さらに、電気機器を利用するまで発電機の回転数をあげるため、プーリーを使った増速機の接続を試みた。プーリーの軸となるシャフトの加工の調整のためにムビンガ市街地の鉄工所に日参するなど、水車やシステムの改良に悪戦苦闘した（図4－5）。メンバーは農作業をはじめとする日々の仕事の合間を縫って熱心に試行錯誤したものの、結局のところ期待した出力は得られず、水車の構造そのものに根本的な原因があるのではないかという意見が大勢を占めるようになっていった。そして最終的には運搬の

図4−6　発電に成功した水車

コストはかかるものの、三〇〇キロメートルほど離れたンジョンベ市街地のパングワの職人に、ルデワ県で見たような開放型の水車の製作を依頼し、取り寄せるということでメンバーの意見が一致した。

ンジョンベから完成した水車を運搬する際には、パングワの職人に村まで来てもらって水車設置を手伝ってもらうことにした。このようにして発電に成功することができたのはルデワ県の村を訪れてから二年を経た二〇一三年であった。水車小屋で電灯の点灯試験をすると電球がまばゆい光を放った。技術面では課題が残ったが、発電にかかわったメンバーは満足気な表情を浮かべていた（図4−6）。私が日本に戻っている間には、話を聞きつけた人びとが県外からも訪問し、グループはそのような人たちを迎え入れて事業の説明をしたということだった。

電線による一斉送電へのこだわり

発電に成功すると、今度はメンバー間での電気の配分が問題となってきた。この時点において参加メンバーは一四人で、発電システムはメンバー外への電力供給はおろか、安定してメンバーのニーズを満たす電気を発電できていなかった。その大きな原因は、メンバーが電線による送電にこだわったことにあった。

事前の理論的な計算では、八〇〇ワット程度の出力が見込まれていた。しかし、電気は遠くに送電するほど電圧が降下する。送電すればただでさえ少ない電力量がさらに少なくなってしまう。また電線そのものがコストになり、しかも最寄りの町で入手できないため取り寄せることになるが、そのノウハウもない。これらのことを考慮に入れ、計画段階から私は電線よりもバッテリーを使った蓄電による利用をメンバーに提案していた。当時、村内には少数ではあるが太陽光発電システムを所有している村人がいたこともあり、メンバーも蓄電についての知識は断片的にではあるがもっていたからである。現地でも入手できる車のバッテリーを各メンバーが用意し、発電システムの小屋で順番に蓄電すれば、コストが抑えられるとともに、昼に発電する分を夜に使えることから効率的な利用ができると考えていた。これに対し、彼らは「バッテリーをいちいち取りに行くのや持ってくるのが大変だ」などといって、頑なに受け入れようとせず、電線による配電を主張していた。しかもそれは、全メンバーの家屋に配線して一斉に送電するというのが前提となっていた。話し合いを重ね、説得を続けてもメンバーの意思は変わることはなかった。譲歩案として、発電所の最寄りのメンバーの家にまでだけ電線をひき、そこを充電ステーションとする、いわば蓄電方式と電線方式の折衷案を提案してみたが、反応は悪く、結局、電線による送電を試みることになった（図4―7）。

遠い家まで電線が張りめぐらされたため、電圧の低下は自明であった。ルデワ県で使っていたようにトランスフォーマー（変圧器）を経由させることで送電による電圧低下を抑えようとしたが、町の電気店で買ったトランスフォーマーが不良品だったのか、ほとんど効果がなかった。メンバーたちは町で一番消費電力の

図4－7　電線

少ない電球を買いそろえるなどの対応をしていたが、そもそも電圧がタンザニアの電気機器の定格電圧（交流二三〇ボルト）に達しないので、電球はじゅうぶんな明かりを灯さなかった（図4－8）。それでも、電線による一斉送電の方針は揺るがず、メンバー全員が低電圧の状態に甘んじて、辛うじて発電所の近くに家屋があるメンバーが携帯電話を充電する程度の電気を利用できているだけだった。

そのようなかたちで活動を続けていくなか、急速にソーラーパネルの価格は下がり、また電力公社による系統電力の農村への延伸の動きがみられるようになっていたことで、私たちの水力発電の優位性がゆらぎはじめていた。実際、この時点で、メンバーの半数が個人で小さなソーラーパネルによる太陽光発電を導入していたのである。最寄りの町でも少ない初期投資でソーラーパネルや関連機器が買えるようになったことで、水力発電に参加することの意味が薄らいでいった

図4－8　じゅうぶんに光らない電球

ようだった。また、個人で太陽光発電を実践するメンバーは、水力発電の電力配分にともなういさかいを避けたいという意図があったのかもしれない。しかし、このような状況になっていても、メンバーたちは水力発電が必要だというので、やはり利用効率を少しでも高めるため、二〇一五年に、日本の農村で水力発電を手がけてきた岡村氏（本書第三章の執筆者）や長年、私たちと協力関係にある国立ソコイネ農業大学の教員とともに同地を訪れ、蓄電がより効率的な利用方法であるとメンバーに再度説明した。しかしこのような説得も功を奏さず、メンバーは引き続き電線による事業を目指したいということを主張し、やがて重い口を開くように、理由を話しはじめた。それは、私や岡村氏が推奨していた蓄電方式は、はっきりいって太陽光発電と変わらないので、そのようなだれもができることをやっても意味はない、面白くないということであった。この時点になって、発電事業にかかわる彼らのモチベーションが電気の利用に加えて、事業の新規性やそれに対する周囲からの評価であることが明らかになったのである。電線はそのような新規事業として面白さを感じるためのものであり、周囲の人びとへアピールしながら水力発電所の存在を可視化するための「シンボル」でもあった。メンバーのなかには電柱から電線を家に引き込み、コンセントをとおして家電を利用するという、町での電気の利用のイメージがあり、それへの憧れがあったのは間違いない。太陽光発電は、電気を生み出すという点において人びとが切実に求めていたものだが、逆にいえばそれを使うのは、自分たちが未電化地域の住民であるということをアピールしてしまうのかもしれない。もっとも、送電線というものを味わうだけなら、発電量とバランスをとれる程度のせまい範囲に電線をはりめぐらせればよかったわけだが、そうはいかなかった。彼らの発電事業には、一斉送電という条件がつきまとっていたからである。

参加世帯の一斉送電については、一部の世帯への送電に切り替えようという意見もあったが、うやむやになっていた。一斉送電へのこだわりの背景にあるのは、グループを構成するメンバーがおもに二つの親族集団（拡大家族）から構成されていることも関係しているようである。マテンゴではおおよそ、ひとつの尾根にひとつの拡大家族が居住するというのが土地利用の原型としてある。メンバーは発電に利用している川を挟むように、約半々で二つの尾根に分布して居住しており、また、グループの主要メンバーで、それぞれの拡大家族のリーダー的存在が発電所からそれぞれの尾根の遠い位置に住んでいる。どちらかの尾根へのみ送電というのは親族集団に優劣をつけたかのようにみえるので、心理的な抵抗があるのだろう（図4-9）。

その後、たび重なる発電機の故障で事業は停滞していった。当初のもくろみでは、まわりの村人に対して携帯電話充電などの小さなビジネスを展開し、その収益で運転管理の資金にしようとしていたが、発電が安定せずそれが実現しないままになり、修理費を捻出できなかったためである。その間、ソーラーパネルの価格はさらに下がっていった。メンバーはひとり、ふたりとソーラーパネルを買い、実質的に活動から脱退していった。ほとんど唯一といっていいメンバーとなったグループ・リーダーも二〇一八年にはソーラーパネルを購入し水力発電は完全に休止することになった。

協働が先か、分配が先か

水力発電に住民組織やグループとして取り組むことは、一人当たりの負担コストを低く抑えるというメリットがある。特定の個人に対する支援ではなく、グループを相手にするということは、経済的・社会的に突出した個人を生み出しにくく、

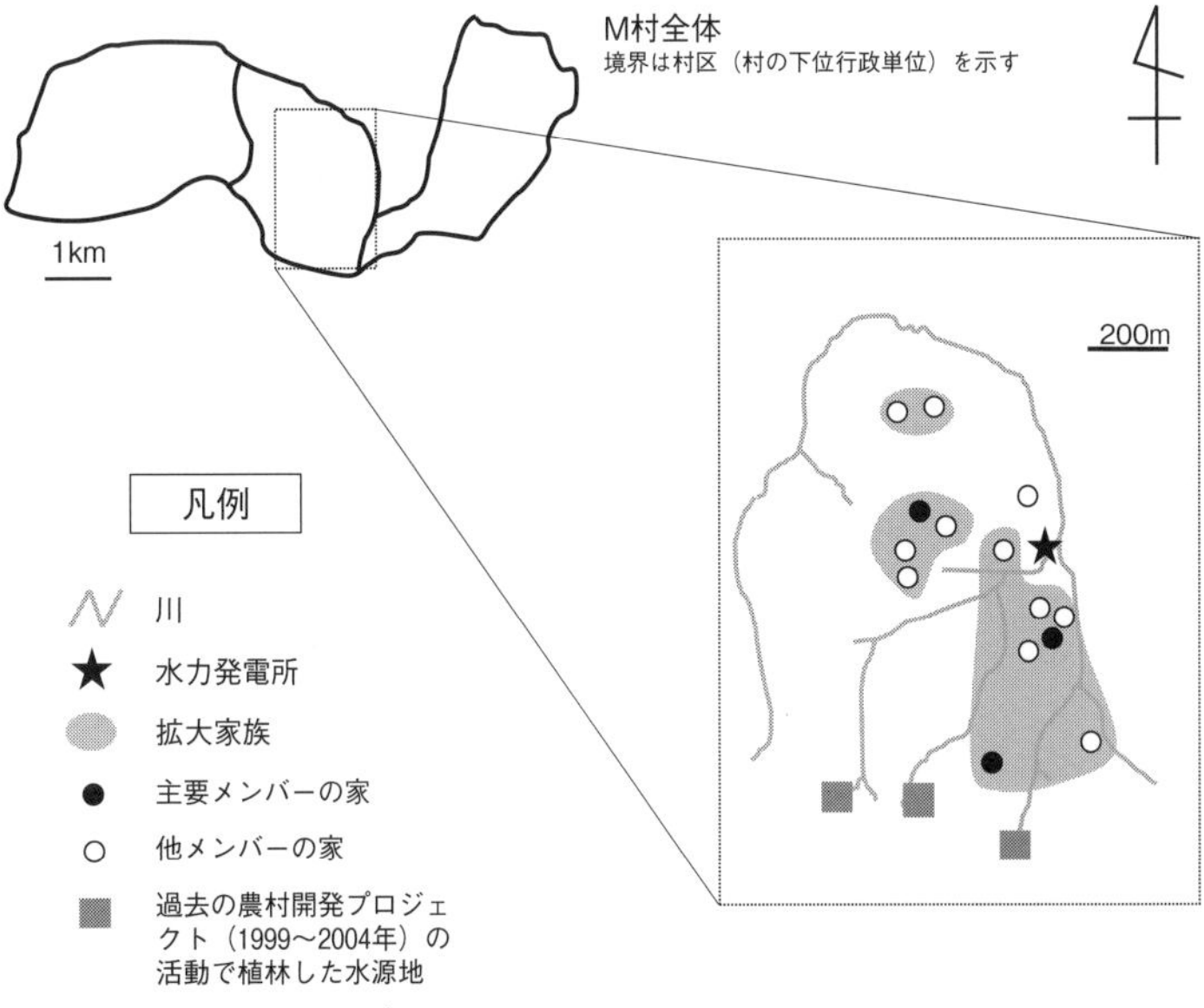

図4－9　メンバーの家屋の位置関係

平等性にこだわる東アフリカ農村社会（例えば掛谷　一九九四）の事情をふまえたうえでも適しているように考えられる。また、ここで私がおこなっている農村開発のような外部者が関与する事業では、「効率性」や「公平性」という観点から住民組織やグループを相手にすることが一般的である。さらに、この事例においては、過去のグループの活動として、水源への植林経験を共有していたということも重要な要因としてあった。これらのことからT村での水力発電をグループですすめていくことは妥当であるように考えていた。

ただ、参加世帯が多くなるほど一人当たりのコスト負担が小さくなるいっぽう、発電量が少ない地域発電では、個人に配分される電気の量も少なくなる。発電事業を始める前に、参加者がどのように電気の利用をイメージし、またどれくらいの規模のグループがその発電量に見合うコストを負担できるのかをある程度把握しておくことは可能である。実際、そのような話し合いは私たちもしてはいた。しかし、ここまでみてきたように、不平等感を払拭するための一斉点灯や、「発展」をイメージさせる電線へのこだわりが、すべての活動を水泡に帰してしまうほど重要なこととは思っていなかった。その結果、あてにしていた商売が成り立たずに運営資金は貯まらず、経営プランがはじめから瓦解してしまった。発電がうまくいかないことに不安感を抱いたメンバーの一人は、家に電気が灯るのを見るまで追加的な供出金は払わないといい出していた。メンバーは、投資をして発電にさえ成功すれば、たとえ少量であってもリターンが均等にあると考えていた。しかし、電力が金銭と明確に異なる点は、一定以下の電圧では何の役にも立たないということである。利用できる水源と技術の水準が、グループの求める電力を生みださなかったとき、「平等に分配する」という彼らの当たり前のルールが電力では成り立たないのである。

私たちがルデワ県で見聞きした発電技術のほとんどが、手元にあるもので間に合わせるというブリコラージュ（器用仕事）的感性が先に立つもので、悪くいえば「未熟な」ものだった。だからこそ、T村の人たちに自分たちにも模倣ができるという望みを抱かせたのである。ルデワ県の水力発電との大きな違いは、電気のひろがり方、つまり配電へのプロセスであった。ルデワ県の農村では、各世帯が電気を自分で使うために個人で発電し、電気を独占しているという非難にさらされながら、余剰を有償で周囲の人びとに還元していった。いっぽうT村では、グループ全員に配ることを前提に事業がスタートし、発電量がそれに達しなかったことで事業全体が瓦解してしまったのである。これは発電事業にとって、グループが協働することの盲点といってもよい。水源と技術水準からの発電量の見通しが、アフリカ地域における小規模な水力発電においてもっとも留意しなければならないポイントである。すなわち、電気というエネルギーの性質を考慮しながら、事業の協働と成果物の分配の関係をよく考えておかなければならない。

またそこには、タンザニアの農村部の人びとがこれまでに共有物をもったことがないという歴史も影をおとしている。タンザニアは独立後にアフリカ型社会主義を採用し、それまで散居していた人びとを集めて「村」をつくるという集村化（ウジャマー村）政策を一九七〇年代初頭に実施した。「ウジャマー」とはタンザニアの公用語であるスワヒリ語で「家族的紐帯」を意味し、中央政府はウジャマー村と呼ばれる行政村に基本的な社会サービスを提供しつつ、村は一つの家族のように住民同士が協力して生活することを理想としていた。コーヒー生産によって国家の財政を支えていたムビンガ県では移住は強いられず、むしろコーヒー生産に専念するための運搬用車や製粉機などが政府から支給され、村全体で共有して利用することが求められていた。しかし、うまく管理・運用できず、そうした機材が有効に使われることはなかったという。集村化政策の負の遺産を引き継ぐように、その後の開発政策のなかでも、人びとの間で資金や物資が効果的に使われるという経験はとぼしかった。このような歴史的経緯があるからこそ、人びとはモノの共有ということには神経をとがらせるのである。

ソーラーパネルの低価格化によって、メンバーが次々と個人で太陽光発電を導入していったのは無理もなかった。水力発電はここまでみてきたように、土地や水を使うために他の人との折衝や、発電システムの構築の試行錯誤、運営管理などに手間がかかる。それに対して太陽光発電は、稼働率という点では水力発電には劣るが、ソーラーパネルと関連機器を購入してつなぐだけというように簡単であるし、また太陽光発電に対応した電化製品も数多く市販されていて、電気の使い方は自分の裁量できめることができる。未電化村において多様な電源を確保するという観点から有用な取り組みであることは間違いない。それでは、地域の小さな水力発電はアフリカの未電化村においてどのような意味があるのだろうか。

第六節　創造的模倣の意味するもの

水力発電の多面性

これまでの事例でも示してきたように、地域水力の利用では、まずそれが模倣に端を発しつつも、そこに関わる人びとの創意工夫を引き出し、能力の向上をもたらすという特徴が注目できる。パングワの地での事例がそうであったし、T村の事例においても、発電こそ成就しなかったものの、数々の苦難のなかで多彩なアイデアの発現を確認できた。基本的に技術の改良などにメンバーは熱心で、入手できる情報や身近な資源のなかでやりくりし、システムを整えていった。とりわけグループ・リーダーは独自に知識を深め、日々、細かな運用管理と出力の改善に力を注いでおり、村人から「電気の専門家」としてみなされ、水力発電を試みようとする近隣の村からも声がかかるほどになっていた。メンバーは県庁の関連する部局とやり取りをすることで、行政上の手続きに関する知識も深めていった。また、電線を購入するにあたり、ムビンガ市街地の商人と協力して遠方の都市に発注するなど、新たなネットワークにも参入していった。水力発電への挑戦をとおして、人びとは主体的に自分たちの自然環境や、社会的・文化的な文脈に沿うように技術を工夫しつつ、積極的に外部社会とのつながりを求めていった。どこかの地域で成功した事柄を、自分たちの社会で再現することを想定して、できるかぎりの情報を収集し技術を模倣しながら地域に適正化させていくこと、すなわち「創造的模倣」(掛谷・伊谷 二〇一一) を彼らは体現していたといってよいだろう。そのきっかけとなったのは農民間の交流だった。同じタンザニアの農民による先進的な取り組みに対して、グループの人びとが素直に敬意を表し、勇気づけられて背中を押されていたことは間違いない。

地域的な電化事業として、低価格化したソーラーパネルを用いた太陽光発電の導入も考えらえるが、それは水力発電のように人びとがもつ能力を顕在化させてはくれない。また、エネルギーと自然環境とのつながりを水力ほど意識させてくれるものではないだろう。ソーラーパネルの発電機構を理解するのは難しく、利用者が発電量を増やすために工夫する余地はほとんどない。いっぽう、水力は導水管の位置の微妙な調節、落差の調整、水路の整備具合、噴射口の径の調整などで、水車の回転速度の変化を簡単に確認できる。水源地や流域の開墾による流量への影響、大雨や日照りの後の流量の増減が、そのまま出力（使えるエネルギー）というものに反映されていく。その意味において自然とのつながりを実感しながら仕組みが理解でき、達成感＝「ひと仕事」の感覚（川喜田 一九九三）を得られやすい。そして、そのような感覚が流域環境の保全の意識を醸成していくという展開はルデワ県の事例でも実証されたことである。二〇一一年に始まったT村の取り組みが、紆余曲折を含みながらも二〇一八年まで人びとの関心を保ち続けていたことも、水力発電の理解しやすい構造が関係していたように考えられる。

創造的な模倣というのは、すでに少し触れたブリコラージュという要素をそのなかに組み込んでいる。手元にある素材や身近な人的ネットワークをやりくりしながら新たなモノをつくりあげるブリコラージュ的行為そのものが、模倣における創造の幅を広げていく。ここで重要なのは、水力発電への挑戦をとおしてメンバーたちが、ときには個人的に、ときには集団としてさまざまな能力を身につけていったことである。創造的な模倣というのは、そこで生み出されるモノと同じくらい、そのプロセス自体に重要な意味をもっているのである。

地に足のついたエネルギーとしての水力

電気というものは、対象地域のような国家の周縁では、自分たちからもっとも離れた、手の届かないものとして考えられてきた。したがって、慣れ親しんだ身近な河川環境において、水のコントロールという自分たちが培ってきた在来の技術をもって発電が可能になるなどということは、村人にとって世界観の転換にも近いできごとだったに違いない。過去から現在に至るまで、行政サービスの周縁に追いやられてきた人びとにとっては、それはある意味、愉快なことだったのではないか。

灯油を使ったランプや、ガソリンを使った発電機の利用などは国際的な原油価格の動向の影響を直接に受ける。また、たとえ農村に系統電力がきたとしても、サービスの質が安定していないため停電という問題があるほか、突然の電気料金の値上げといった条件の不利益変更などの可能性もある。化石燃料や電気の利用には、そのようなどうしようもない外部条件に左右されることがついてまわる。実際、T村の中心部に住む太陽光発電システムを所有する村人のほとんどは、二年ほど前から電力公社の系統電力を引き込んで利用できるようになったが、ソーラーパネルを手放さずに併用している。

T村で水力発電を試行するプロセスでは、メンバーが「自分たちでコントロールできる電気が必要」と強調する場面があった。この発言には、エネルギーの調達において自分たちの裁量を大事にしたいという思いが読み取れる。そして、メンバーが電線にこだわっていたのは、それが、町でみられるような電気利用スタイルへの憧れがあったというように述べたが、さらにいえば、インフラ整備で優遇される町というものに対抗するかのように、自分たちなりの電気の自給圏を目に見えるかたちとして示したかったのかもしれない。

T村での電化事業は、電線の導入ということが事業の運営を難しくしていたが、送電ということにこだわっていたからこそ、この事例は、小さな水力を利用した電化事業の重要なポイントをわかりやすく示してくれたともいえる。それが電気の供給と需要のバランスの問題である。繰り返し述べるように、小さな水力による電化事業は、どのぐらいの電気がどのような環境条件で生み出されるかということを、実感をともなってわかりやすく示してくれるものである。そして、これまでの事例でみてきたように、所有者が個人であろうとグループであろうと、河川という共有物を利用していることも影響して、水力による電気は共有されることが前提になっている。電線による送電であれ、蓄電であれ、そこでは分配や融通の問題が生じる(Gollwitzer 2014)。つねに発電の受益者とそうでない人との境目が生まれるため、緊張感をともなう場合もある(本書の第六章参照)。そのやりくり、調停というのは、技術的要素もさることながら、ふつうは社会的な問題である。だれかが多く使えば他のだれかが使えていない。顔の見える関係のなかで営まれる小さな水力発電では、自分がどれくらいのエネルギーを必要としていて、それをどのように使えるのか、ということを自然環境や社会のなかでの位置を確認しながら使う(黒崎 二〇一八)。小さな水力は、地に足のついたエネルギー生産と消費の感覚を鍛えてくれるものといえるかもしれない。

T村の電化事業は中断ということになっているが、水力は、身近な自然から電気を取り出せるという確かな経験を人びとに提供することとなった。社会的・文化的特性をふまえつつ周到な準備をもって発電事業に臨めば、水力は未電化地域において有用な取り組みとなる可能性はある。今なお、自然資源に強く依存し、薪炭というバイオマスからエネルギーを取り出すことに慣れている農村の人びとが、地域での水力発電をとおして自然とのつながりをより強くし、エネルギー自給の基盤を豊かにしていくことが考えられる。もちろんその道のりは容易ではないことは確かだろうが、ここまでで明らかになったように、そのようなさまざまな困難をともなうからこそ、地域での水力発電への取り組みそのものに、人びととの総合的な能力を高める側面があることを指摘できるのである。

引用文献

日本語文献

掛谷誠（一九九四）「焼畑農耕社会と平準化機構」（大塚柳太郎編『講座　地球に生きる三　資源への文化的適応――自然との共存のエコロジー』雄山閣出版）、一二一～一四六頁。

掛谷誠・伊谷樹一（二〇一一）「アフリカ型農村開発の諸相――地域研究と開発実践の架橋」（掛谷誠・伊谷樹一編『アフリカ地域研究と農村開発』京都大学学術出版会）、四六五～五〇九頁。

川喜田二郎（一九九三）『創造と伝統』祥伝社。

川田順造（一九七九）『サバンナの博物誌』新潮社。

黒崎龍悟（二〇一六）「水資源の活用と環境の再生――小型水力発電をめぐって」（重田眞義・伊谷樹一編『アフリカ潜在力　第四巻　争わないための生業実践』京都大学学術出版会）、三〇一～三三一頁。

黒崎龍悟（二〇一八）「群馬県、赤城山周辺地域における小規模水力発電事業――戦前から戦後にかけての自家発電――」（『産業研究』第五四巻一号）、四五～五九頁。

坂井州二（二〇〇六）『水車・風車・機関車――機械文明発生の歴史』法政大学出版局。

欧文文献

Barndon, R. (2004) *An Ethnoarchaeological Study of Iron Smelting Practices among the Pangwa and Fipa in Tanzania*. Basingstoke Press, Oxford.

Gollwitzer, L. (2014) *Community-based Micro Grids: A Common Property Resource Problem*. STEPS Centre, Brighton.

IEA (International Energy Agency) (2019) *Access to electricity*. https://www.iea.org/reports/sdg7-data-and- projections/access-to-electricity（二〇二〇年七月参照)。
Klunne, W. J. and E. G. Michael (2010) Increasing sustainability of rural community electricity schemes—Case study of small hydropower in Tanzania. *International Journal of Low Carbon Technology*, 5: 144-147.
Kurosaki, R. (2010) Endogenous water supply works and their relationships to rural development assistances: The case of Matengo highlands in southern Tanzania. *African Study Monographs*, 31 (1): 31-55.

注

（1）Eskom, *Electricity in South Africa-Early Years*. https://www.eskom.co.za/sites/heritage/Pages/early-yearss.aspx（二〇二〇年七月参照)。

第五章

現代日本における地域水力の意義と可能性

瀧本裕士

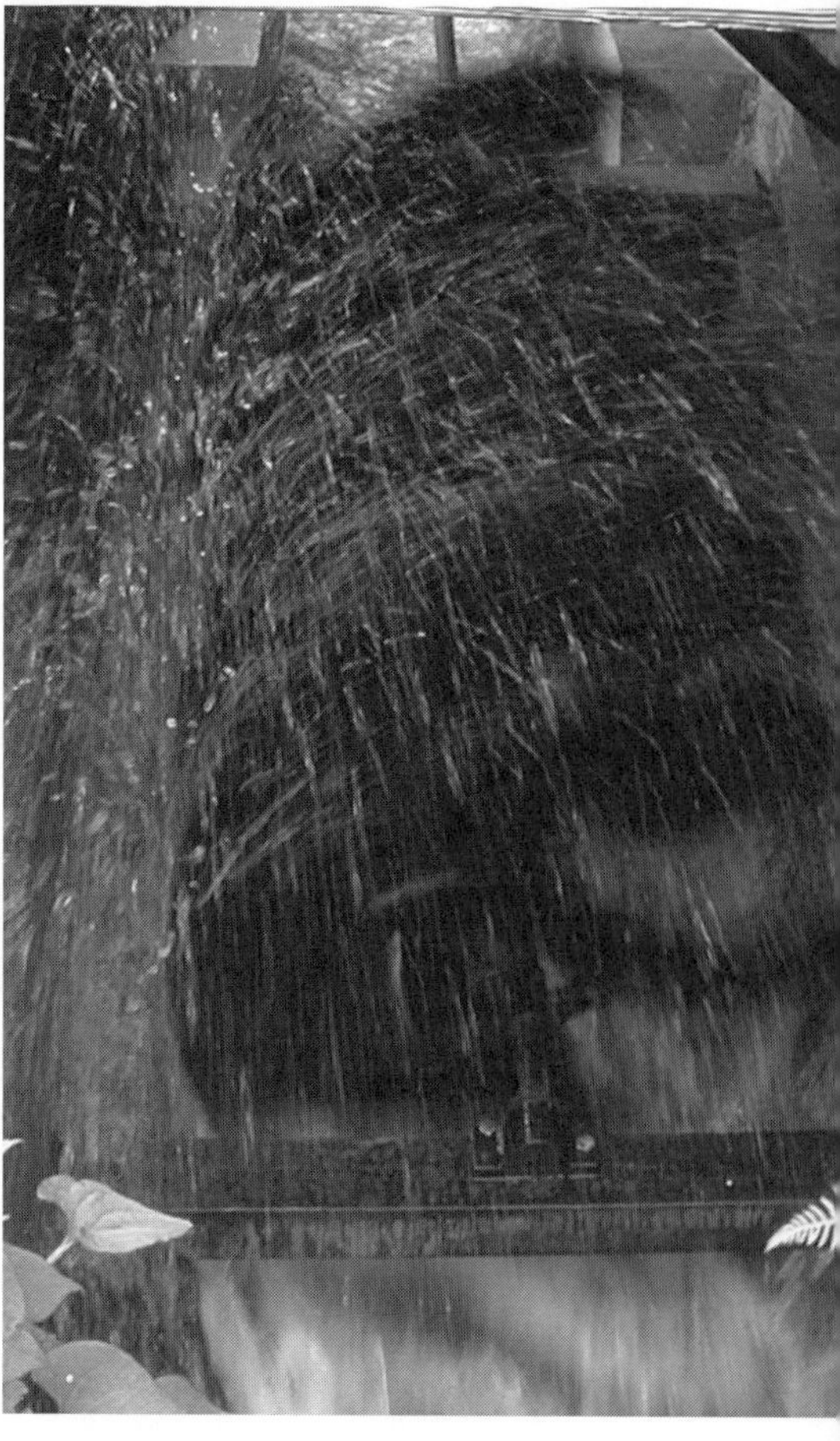

富山県南砺市の「らせん水車」（伊谷樹一撮影）

第一節　動力用水車と発電用水車

温故知新

「女で護る村」という記録映像（砺波市柳瀬地区自治振興会　二〇一九）がある。これは第二次世界大戦中の一九四〇年代に富山県砺波地方（口絵1）の農作業風景を撮影したものである。このなかに、田んぼの収穫期に「らせん水車」を利用している場面がたびたび登場する。戦時中は出征のため、村には働き盛りの男性がおらず、女性が中心となって農作業をおこなわなければならなかった。農作業のなかでも脱穀作業は特に重労働であり、男手不足は悩みの種であった。これを解決するために、らせん水車の動力を巧みに利用し、農作業の省力化を図った工夫は特筆に値する（図5－1）。

らせん水車は、水車軸に水車羽根がらせん状に巻きつけられた構造になっており、かつて田園風景を彩っていた木製の円形水車とは大きさもイメージも随分異なる（図5－2、本章扉写真）。らせん水車は、農業用水路のうち自由水面をもつ開水路に適した水車であり、水流と水車軸が同じ方向になるように設置する。らせん形状の水車羽根は、流下方向に対して水の力が連続的に作用し、その作用する接触面積も大きくなるため、低流量かつ低落差の水理条件下でも安定して動力が得られる。水車の回転は一分間に五〇～一〇〇回転ほどと速くないものの、粘り強い回転トルクが発生するところにらせん水車の強みがあり、プーリー（滑車）や縄紐といった動力を伝達する装置を組み合わせると、一〇〇メートル以上離れた場所でも動力を利用でき

図5－1　第2次世界大戦中、電気のある暮らしがあり、いっぽうで脱穀作業ではらせん水車（写真右の白丸の部分）の動力を利用していた。〔記録映像「女で護る村」砺波市柳瀬地区自治振興会（2019）より〕

図5－2　富山県南砺市高屋地区（口絵12）に現存するらせん水車（水車羽根直径90センチメートル、長さ1.8メートル）

る。さらには水車の大きさもコンパクトに収まるという特徴もある。このコンパクトさゆえに可搬性に優れたらせん水車は、建造物ではなく農機具として扱われ、動力の必要な場所に持って行って使用された。

水車直径九〇センチメートルのらせん水車を農業用水路に設置した場合、約三〇〇ワット程度の動力が得られる（宮崎　一九九三）。これは体重六〇キログラムの人が農作業をおこなう場合の仕事率（単位時間あたりのエネルギー）に相当する。つまり、らせん水車は少なくとも成人一人が労働するのとほぼ同じ能力を有しているのである。なお、人間が生存するためのエネルギー（基礎代謝を一日当たり一五〇〇キロカロリーと仮定）を仕事率に換算すると七三ワット程度になる。

富山県は水の王国とも言われ、治山・治水事業の一環として「山と水を活かす」ための水力発電が大正時代から盛んにおこなわれており（富山県教育委員会 二〇一〇）、戦時中の一九四〇年代にはすでに農村の生活のなかにも電気があった（図5－1）。この時代が、発電用の水車と動力用の水車が共存し、それぞれの役割に応じて多種多様な水車が開発された水車の最盛期であったかもしれない。戦後になって動力用水車は利便性に勝る電動モータに置き換えられて衰退の一途をたどり、昭和の終わりになると、らせん水車は産業遺産として名前だけを残すことになった。

最近では、水車の新たな利用方法が模索されているが、水車最盛期に活用された水車の個性や性能特性を見直しておくことは、技術開発をおこなう上ではもちろんのこと、実用段階においても立ちはだかる課題を解決する糸口にもなり得るのでとても重要である。そして、地域で活躍した水車は、動力や電力以外にも、さまざまな側面で地域社会の発展に貢献してきた。本書ではそれを総合して地域水力と呼んでいるが、本章では特に現代社会ならではの技術的な側面に焦点をあてながら地域水力の意義について考えてみたい。

地域に隠された水力資源

水が高いところから低いところへ落ちる力を表す水力、すなわち水の単位時間当たりのエネルギーを表す出力（キロワット）は、重力加速度九・八（メートル／秒の二乗）×流量（立方メートル／秒）×有効落差（メートル）という簡単な式で表現できる。そしてこの出力（キロワット）と時間（アワー）の積が、エネルギー量（キロワット時）となる。

ここで、水路の幅一メートル、水深二〇センチメートルの身近にありそうな開水路を考えてみる。水の流れは、水路を流れる落ち葉を追いかけると概ね歩く速度に近いので、ここでは人がややゆっくり歩く速度の毎秒一メートルとする。流量は通水断面積（平方メートル）と流速（メートル／秒）の積であり、この場合〇・二（立方メートル／秒）となる。落差は、利用したい水流の上流側と下流側の水面高低差で表される。厳密には、流下する水は水路の摩擦抵抗の影響を受けるので、その影響も加味した有効落差を求める必要があるが、水力の概算を求めたい場合は、有効落差を落差に置き換えても差し支えない。ここでは落差を一メートルとする。その場合、暗算しやすいよう重力加速度を約一〇（メートル／秒の二乗）とすると、水力は約二キロワットとなる。この値が示す水力は、水の単位時間当たりのエネルギーをすべて動力や電力に変換した場合、二キロワットの出力が得られることを意味するので、理論包蔵水力あるいは水力ポテンシャルと呼ばれる。実際には変換過程においてエネルギー損失をともなうことから、二キロワットを丸々利用できるわけではない。したがって、理論包蔵水力に水車効率を乗じて動力出力、発電の場合は動力に発電機を接続させるので、動力出力に発電機効率を乗じて発電出力が算出される。今回は、身近な用水路の例なので、それに応じた水車利用を考えた場合、水車効率は六〇パーセント程度、発電機効率は七〇パーセント程度と仮定すると、動力では一・二キロワット、発電では〇・八四キロワットの出力となる。水力は流量と落差で決まるので、先の例をイメージしていれば、実際の水路に対して目分量でもある程度の水力を把握することができる。

ちなみに今回の例では、〇・八四キロワットの発電出力が得られる結果であったが、この発電出力をすべて利用した場合の一ヵ月の消費電力量は、〇・八四キロワットに一日の二四時間を乗じ、さらに一ヵ月三〇日を乗じた値、六〇五キロワット時になる。日本の一般家庭における一ヵ月あたりの消費電力量は、三〇〇～六〇〇キロワット時であり、理論的には例示した身近な用水路で一般家庭一軒分の電力を賄うことが十分可能なのである。

水理条件と水車活用の関係

水力は流量と落差で決まると述べたが、たとえ落差の無い平坦な水路であっても水の流れがあれば、そこにはエネルギーがあるので水車を回してその力を利用できそうである。実はこの考えも正しい。平坦な水路を流れる水の運動エネルギーは落差に換算することができ、速度水頭と呼ばれる。この速度水頭を理論包蔵水力の式中の落差に代入すれば、理論包蔵水力が求められる。速度水頭は（流速の二乗）／（重力加速度の二倍）で算出できる。例えば、水路の水が流速毎秒一メートルで流れている場合、それを速度水頭に換算すると約五センチメートルになる。流速毎秒四メートルといった圧迫感を感じるほどの急流でも速度水頭では約八二センチメートルと一メートルにも満たない。少しでも大きな水力を得たい場合は、落差のある場所の方が有利である。

水力の大きさが同じであっても、流量と落差の割合によって水車の型式や利用形態が変わってくる。今、水力が同じとして、低流量・高落差、高流量・低落差の二つの場合を簡単に比較してみよう。低流量・高落差の条件（例えば、水量は少ないが落差はある）は、ダムや山の高いところから低いところに向かってパイプライン（管水路）で導水し発電している様子を想像していただきたい。この場合は発電利用が適している。水の流れが高速かつ高圧になることから、水車の直径は小さくてすみ、水流が水車羽根に当たる際は作用点がはっきりしているため、水車を設計する上で力学的にも扱いやすい。また水車の回転数も高く得られることから増速機の負担も少なく、水力発電に適した条件と言える。このようなことから、これまでの水力発電は主にパイプラインの導水による落差を利用した方式が主流であった。

いっぽう、高流量・低落差の条件（例えば、水量は多いが落差がない）は、水面が見えて傾斜の緩い開水路を想像していただきたい。この場合は発電よりも動力利用の方が適している。水は重力の作用によってその場にある傾斜や落差に沿って流れていく。できる限り多くの流量を水力に生かすためには、水車の直径や羽根のサイズを大きく取る必要がある。また水車羽根は流量を羽根の面で受けることから、羽根に作用する荷重を面的にとらえなければならず、力学的な定量評価は複雑である。また水車の回転数は遅いため、発電する場合は、水車に対して増速機の取り付けが不可欠であり増速比も高く設定する必要があることから、水車発電機の構造が複雑になって設計や製作の難易度は高まる。先述の記録映像「女で護る村」ではらせん水車を動力として利用していたが、高流量・低落差の条件では、水車によって大きなトルクが得られることが一番のメリットであり、これを生かした使い方はまさに理にかなっていたと言える。

第二節　近年における水車活用の動向

大規模集中型システムの弱点

戦後、徐々にではあるが、水車の活用は動力から発電へと目的が変遷していった。

昭和の後半から平成にかけて、小規模な水力に対して発電利用の試みがなされてきた。らせん水車に関しては、宮崎（二〇〇六）が水車の性能特性を分析し、その後の研究で発電への利用可能性を検討した。その後、この研究は岡村ら（二〇一一）によって受け継がれ、らせん水車発電機の実用化に成功している。ところで、らせん水車は傾斜をともなう開水路に設置するのが適切であるが、現代の農業用水路では落差工といって、上下流水路を緩勾配にして水を安全にかつ緩やかに流せるよう一メートルから二メートルほどの段差になっている部分が多数存在する。この落差工は、見方を変えると水流のエネルギーを捨てている場所であることから、小規模水力の発電適地と言える。株式会社北陸精機では、この落差工に導入できるようらせん水車の試作を重ねて改良し、高性能の水車発電機の開発に成功した（瀧本ら二〇一四）。

小規模水力の発電利用は、東日本大震災を契機に一段と関心が高まった。大規模停電の長期化により、これまでの電力供給システムの在り方を考え直さなければならない時期に来ていた。岩手県葛巻町では、被災時に大規模停電に見舞われた。葛巻町は酪農と林業が盛んであり、ミルクとワインとクリーンエネルギーの町として有名である。風力発電、太陽光発電、バイオマス発電などを活用し、その電力量は町の消費電力量を大きく上回り、エネルギー自給率一六〇パーセントを誇る（日向 二〇一二）、日本でも屈指のクリーンエネルギー先進地域である。その町が数週間にわたる停電のため、酪農家は搾乳できず製造ラインも停止して営農ができなくなるという事態に陥った。風が吹き、太陽光が降り注いでも地域住民は電気の使えない状態が続いたのである。これは発電の全量を東北電力に売電（系統連系）していたからである。もちろん災害がなければ、売電は町にとっても有益な選択肢である。電気事業法の関係で送電線の利用には制限があるので、町でつくった電気を自由に町に供給するといったシステムは現実的ではなかったという面もあった。

電力は水力発電、原子力発電、火力発電などのどの形態であっても、発電所のある一ヵ所で大規模に電力を産み出し、送電線を通じて各需要に分配供給するという、いわば大規模集中供給システムの形で展開してきた。この場合、発電所で停電が発生すると末端の全域も停電になる。このような状態は、東日本大震災にかぎらず、その後の地震や台風などの自然災害によっても続いており、毎年どこかが大規模停電に見舞われている。しかも大規模停電は、数時間で解消するものではなく、数日あるいは数週間続く場合もある。そして何よりも復旧の見通しに関する情報がないまま、停電の状態で生活することへの精神的なストレスは大きい。このような状況を改善するための手段として考えられるのが、地域水力発電である。地域水力発電とは、小規模分散型エネルギー供給システムのことである。発電規模は小さいながらも身近な資源を活用し、自家消費を基本にしたオンサイトで構築する電力供給システムであり、地域で必要とされる電力を確保するためのひとつのツールとして有効であると言える。

小規模水力発電の可能性

農村地域には水力をはじめ太陽光、風力、バイオマス、地中熱などの再生可能な資源が大量に存在している。特に水田地帯では農業用水路が広く張り巡らされており、水車発電機の設置に適した個所は多く存在すると考えられる。例えば、石川県の手取川扇状地の右岸地域の農業用水路では六〇〇ヵ所以上の落差工があり、かんがい期で一万五〇〇〇キロワット、水量の少ない非かんがい期でも六六〇〇キロワット（約二千軒分の電力）の理論包蔵水力を有することがわかっている（瀧本 二〇一〇）。日本全体では、農業用水路は四〇万キロメートルあると言われ、まさに月まで届く距離である。そこには、個々の場所は小規模ながらもトータルとしては大量の水力資源があり、それらの新たな利用に対する期待は大きい。

東南アジアやアフリカの農村地域に目を向けると、今でも無電化村が多くある。いっぽう、電化率の高い地域であっても電力網整備に係る建設費用にともない電気料金が高額になり、電力の利用率が低いという問題がある。しかし、これらいずれの地域でも電気は生活に欠かせないものになっている。

例えば、カンボジアのある無電化村では、バッテリーを介して、照明、携帯電話やスマートフォンの充電、ビデオ鑑賞などに電力を利用している。バッテリーへの充電は、集落単位で充電ステーションがあり、そこにバッテリーを運んでいき、料金を支払ってディーゼル発電機で充電してもらうといったやり方である。それはそれで商売になるのであるが、ディーゼル発電機の燃料は輸入された化石燃料であり、充電費用は決して安価ではなく燃料費に左右される。このような場合、ディーゼル発電機を水車発電機や太陽光発電機に置き換えることで、低廉で安定的なバッテリー充電が可能になると期待できる。

また、タンザニア南部のンジョンベ州ルデワ県の農村を対象に、黒崎（二〇一六）がおこなった調査は示唆に富んでいる。地域住民が主体となって、簡単に入手できる素材や廃材を活用して小型水車発電機を製作し、携帯電話の充電をはじめ、家電製品や養鶏所の照明などにも使われている。さらに小型水力発電を維持することが、水域の環境保全に向けた活動に繋がっている点は、今後日本における地域発電の展開にも大いに参考になる。

第三節　地域水力発電の可能性と技術的課題

地域政策としての地域水力

水力発電自体は昔から行われており、発電用の水車には古くからいろいろなタイプが多数存在してきたが、多くの場合は高流量かつ高落差の条件に適したものが求められてきた。水車の選定図（図5－3）をみると水車が適用できない低流量かつ低落差の部分（図中左下の灰色太線で囲った部分）に適正な水車がない、いわゆる空白部分が存在する。もともと水力発電はダムをともなう大規模な発電が主要である。その流れでいくと、図中の空白部分では小規模な水力しか見込めず、新規開発の価値は見当たらない。また逆に空白部分で水力発電をやるとしても、これまでの水車や発電システムを縮小させて製作すればよいので、効率性を追求するのでなければ技術的な新規性はもはやないとも思われる。しかし、この空白部分こそが地域の住民にとって最も身近な水源であり、その活用は発電量の多寡だけで評価する事業とは異なり、現代社会にとって

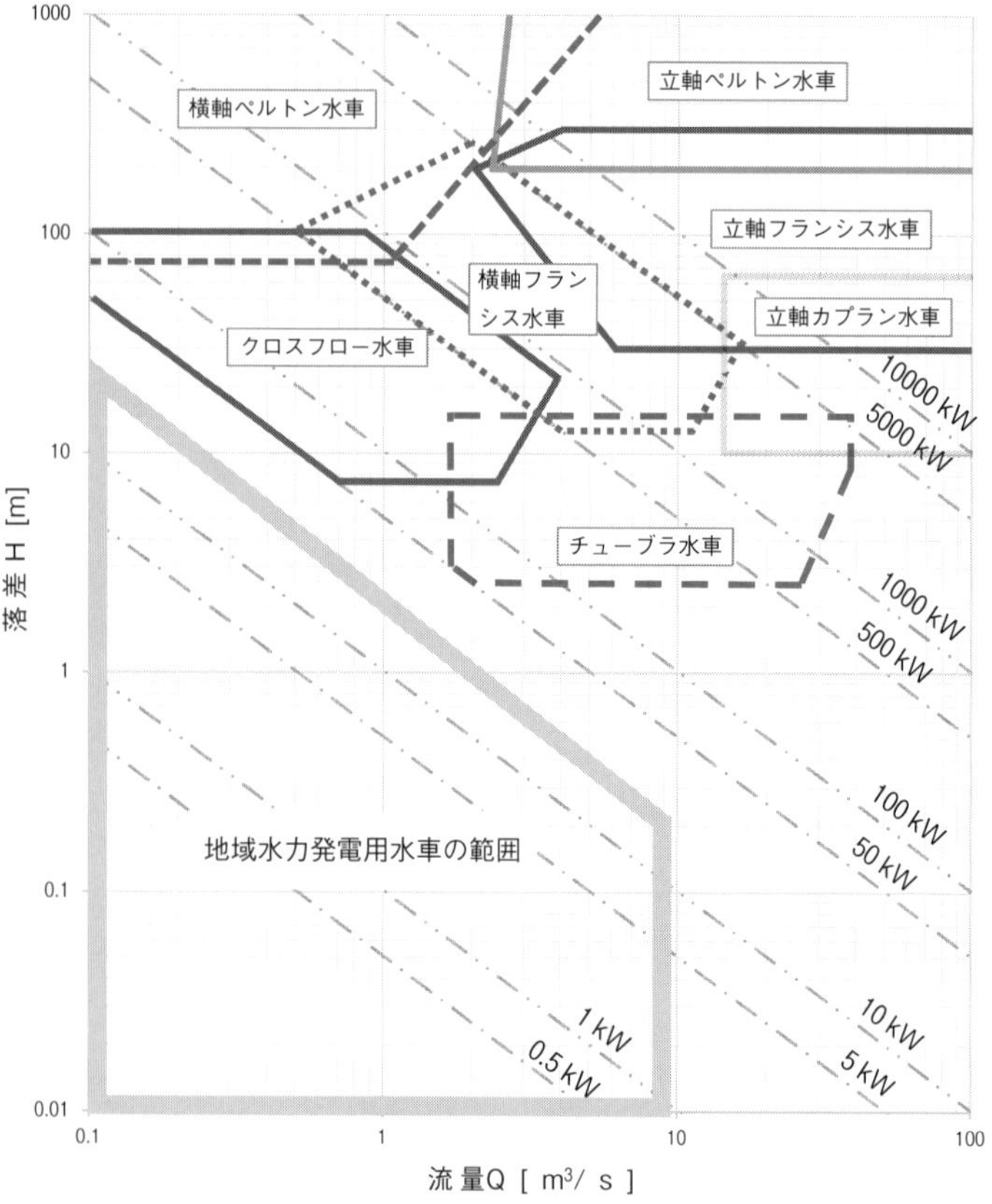

図5－3　発電用水車の選定図（流量と落差の水理条件によって発電に用いる水車が選ばれる）〔ターボ機械協会（1989）、菊山（1999）を参考に作成〕

新たな可能性を秘めた別の次元の発電だといってよいだろう。

これまでの水力発電は大規模集中型供給システムであり、国のエネルギー政策のなかで大切にされてきた。いっぽう、空白部分の水力発電は小規模分散型のエネルギー供給システムである。これは、エネルギー政策ではなく地域政策の範疇に盛り込まれるべきで、発電規模の大小だけで評価されるべきでない。その意味では、これまでの水力発電と同じ土俵で、発電規模に応じて小水力発電、マイクロ水力発電、ピコ水力発電と語るのではなく、地域水力発電というように区別して捉えた方が適切である。

このことは技術的観点からも言える。地域水力発電用の水車を作製する場合、これまでに開発された水車を縮小しても、もとの水車と同等の効率（水流エネルギーを動力や電力に変換する効率）は担保されず、逆に効率は低下する。相似則が成り立たないので、新たに実用的な高効率水車の開発が要求されることになる。また、地域水力発電では、小さな水力だからこそ生まれるシステムもある。水車発電機とバッテリーの併用により蓄電が可能になり、自家消費において需要と供給のバランスが取りやすくなる（黒崎 二〇一六）。そして地域水力発電は地域住民が主体となって取り組まれるものである。水力発電は維持管理も重要であるが、これも地域住民が担う必要がある。したがって、維持管理しやすいよう水車の構造はシンプルでわかりやすく、配電システムも地元の業者で対応できるものでなければならない。複雑な構造やシステムは、故障時に対応できないため使い物にならないのである。

地域水力発電の課題はまだまだある。エネルギー源である流量に変動がある場合、水力発電はその変動に追従できるシステムであることが必要である。用水路の水流を直接水力発電に活かす場合、流量は一定でないことから、発電出力の変動や発電効率（水流のエネルギーに対する発電出力の変換割合）の低下を招く原因になる。したがって、流量が変動する場合でも、安定的な発電効率を確保できる水車発電機を開発することが重要な課題となる。

これまで開水路に設置された水車は動力用がほとんどであり、発電利用の実績は少ない。水力発電は動力と異なり連続稼働が求められる設備であるがゆえに、長期連続運転に耐えうる信頼性の確保が課題である。長持ちする水車発電機はコスト面でも有利である。しかし耐久性の評価は簡単ではなく、理論のみならず実証的な検証も必要となる。

エネルギーシステムは、需給バランスが保たれてこそ成り立つシステムである。地域水力発電では自家消費の形が基本なので、電力の供給能力と需要パターンを整合させるシステムを新たに考案することも重要な課題である。

日本における農業用水を利用した小水力発電の主な役割

これまで日本において農業用水を利用した小水力発電は、農業水利施設における管理の適正化と維持管理費用の負担軽減を目的として事業が展開されてきた。二〇二〇年三月現在、農業農村整備事業などによる小水力発電所は全国一四七施設で運用されている。合計出力は四万四〇〇〇キロワット、年間発電量は二億一五一〇万キロワット時であり、これは約七万一七〇〇世帯の年間消費電力量に相当する（農林水産省農村振興局農村整備部 二〇二〇）。

小水力発電によって得られた電力のうち、余剰電力（農業水利施設の操作などのために自家消費として使用した残りの電力）は電気事業者へ売電（系統連系）し、売電収益を土地改良区が管理する施設の諸経費に充てるという方法が取られている。従来、土地改良事業における売電収益の取扱いは、発電施設の運転経費および発電施設との共用部分の水路・取水堰などの維持管理費に限られていた。しかし、二〇一一年一〇月より売電収益の充当範囲が拡大され、土地改良区が管理する土地改良施設全体の維持管理費にも利用できるようになった。これを契機に小水力発電事業の計画は増えつつあり、二〇一六年八月二四日に閣議決定された土地改良長期計画では、「農業水利施設を活用した小水力等発電電力量のかんがい排水に用いる電力量に占める割合（目標：約三割以上）」を重点的な取り組みとして掲げており、農村振興局では、小水力などの利活用を推進するための各種施策が講じられている（農林水産省農村振興局農村整備部 二〇二〇）。ここでかんがい排水に用いる電力量とは、農事用電力（かんがい排水のために動力を利用する場合）の電気使用量のことであり、年間約七億五〇〇〇万キロワット時である（経済産業省 二〇一八）。現在の農業用水を利用した小水力発電の年間電力量は二億一五一〇万キロワット時であるので、かんがい排水に用いる電力量に占める割合は二九パーセントであり、概ね目標値の三割に到達しつつある。

故障との付き合い方

石川県津幡町（口絵1）の河合谷地区では、農産物即売所に隣接する農業用排水路にらせん水車発電機（協同アルミ株式会社製）が設置されている（図5-4）。このらせん水車の水車羽根素材はアルミであり、特殊な曲げ工法を駆使して製作されている。水車羽根の直径は四五センチメートルとコンパクトであり、軽トラックでも運べて、軽量でもあるので水路への設置も数名の人力で可能である。発電電力は農産物即売所の防犯灯に使われ、時には余剰電力で即売所のライトアップに利用されるなど地元住民にも親しまれている。この

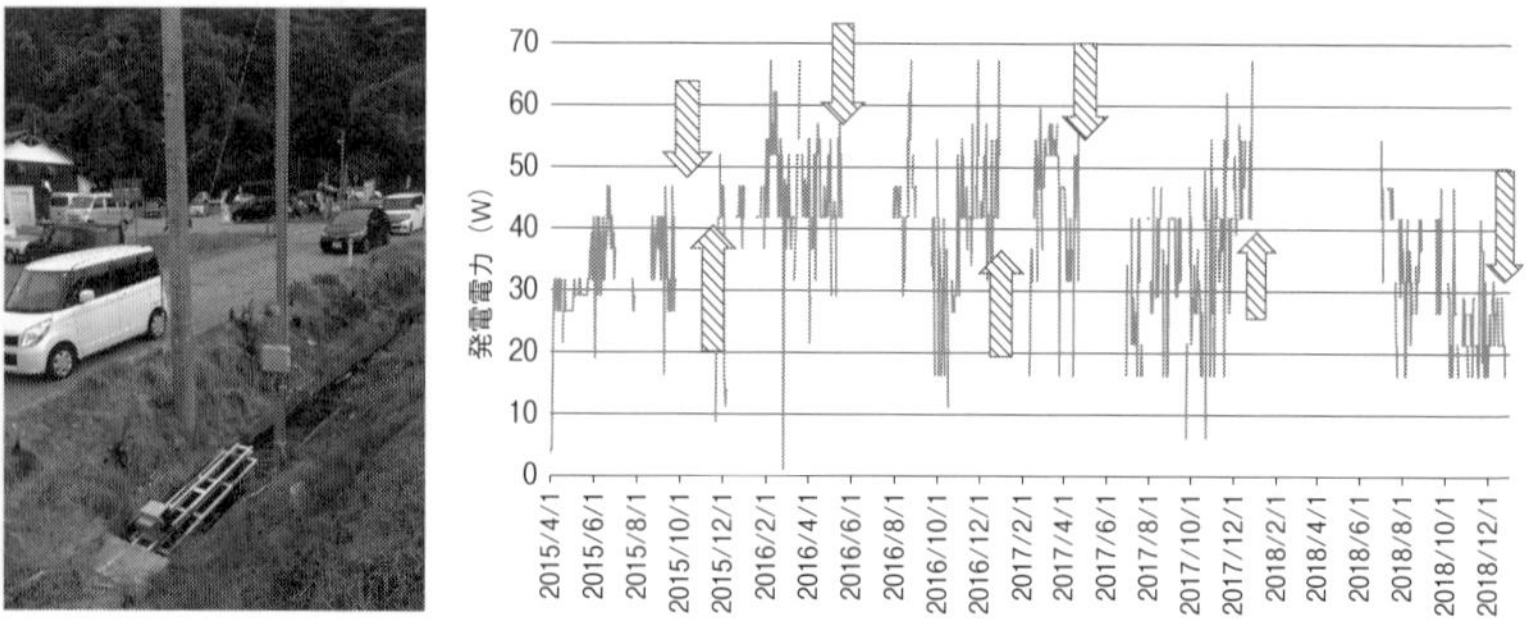

図5－4　石川県津幡町河合谷地区におけるらせん水車発電機の設置の様子と発電量の時系列変化（図中の矢印の部分で故障が発生した）

らせん水車発電機は、防犯灯に必要な二〇ワットを超える発電ができており、性能そのものは実用レベルに達している。しかし農業用排水路には、木、草、枯葉などに加え肥料袋や生活ごみも絶えず流れていて、水車を安定的に稼働させる条件としては厳しい。ごみに強い性質をもつと言われるらせん水車でもさすがに耐えられず、さまざまな故障が発生し、稼働停止の期間がどうしても存在してしまう。

水路条件を考慮すると故障を完全に回避することは不可能である。そこで、故障が発生する間隔を長引かせること、故障する個所をどこかに集中させることを目標に対策を考えてみたい。水車発電機に発生する故障は、主に水車軸の両端にあるベアリング（軸の回転を受けて支える部品で以下、軸ベアリングと称す）や動力伝達用ベルトの破損である（図5－5）。軸ベアリングについては、転動体の隙間に砂や泥が入り込んで詰まり、その結果、軸芯がズレて水車がガタつき破損するという現象が見られた。この現象はいつ起きるか分からず、ごみや土砂の流下が多い時期では二週間に一回の頻度でも起こりうる。また動力伝達用ベルトは内側に歯のついたタイミングベルトを採用しているが、ごみの巻き込みなどにより、ベルトの歯が擦り減って噛み合わせが悪

図5－5　水車羽根直径45センチメートル、長さ1.5メートルのらせん水車発電機、①軸ベアリング、②動力伝達用ベルト、③発電機（写真は水車の上流側に設置してるが、後に下流側に設置した）

くなり、空回りが発生することで摩耗がすすみ、最終的にはベルトが切れてしまう。

このような状況を少しでも改善するために、まずは故障の発生間隔を長引かせる方法について検討した。試行錯誤のすえ、動力伝達装置や発電機を置く場所を、水車の上流側から下流側に移動させた。らせん水車の場合、動力伝達装置や発電機は水車上流側に設置するのが一般的である。らせん水車や下掛け水車では、水車の上流側で流速が遅くなって水深が上がる傾向にあり、それは水路の幅に対して水深が大きい水路ほど顕著である。水深が上がることで動力伝達装置や発電機が水に浸かりやすくなり、軸ベアリングやベルト部分に土砂やごみが絡んでしまうリスクが高くなるのである。いっぽう、水車の下流側では、流速が増し水深が下がるので、このようなリスクは軽減される。わずかな工夫ではあるが、この対応を試みた結果、水車の連続稼働期間がそれまで一〇〇日間くらいだったのが、二〇八日間と半年以上に延びた。

水車の稼働期間を延ばすことに成功したのは進歩ではあったが、故障の個所はこれまでと同じく軸ベアリングとベルトであった。故障が発生した場合、地域住民にとって修理が容易なのはベルトの方である。軸ベアリングの方は、専門の業者でないと修理ができず、交換部品の費用もベルトより高い。したがって、次に考えられるのは軸ベアリングの破損をいかに回避するかである。その対策として、「さらに部品を改良して強化する」という足し算の発想と、「逆にあえて出力を落とす」という引き算の発想の二つが考えられる。

ここでは「出力を落とす」方を選択したい。これはあえて増速比率を落としたり発電負荷を落としたりすることで、水車の回転速度が上がるので、その結果水車上流側や水車内で溜まりやすい土砂やごみを速やかに流下させ、軸ベアリングの詰まりによる故障のリスクを軽減することができる。発電負荷を落とすので出力も多少落ちることになるが、防犯灯に必要な二〇ワットの発電出力は確保できる。いっぽうで、回転数を上げることはベルトの摩耗がすすむということにも繋がる。すべての故障を解消することは難しく、基本的には修理の手間が少なく、修理時のコストも安い箇所に故障が集中するような構造にしておくことが現実的であると思われる。ベルトの破損であれば手順を学べばだれでも交換は可能で、発電停止期間も短くて済む。加えて、ベアリングと比べて安価なためコスト面での負担も少なくなる。このようなことから、「ベルトは壊れてもよい」ということではないが、一つの落としどころとして、修理が簡単でコストも安いベルトに故障を集中させ、ベルト交換のメンテナンスがいつでもできるように準備をしておくのもよいのではないかと考える。

第四節　地域水力発電の需給バランスを保つ三つの方式――

給電ハイブリッド方式

水力発電にかぎらずあらゆる発電事業は、その規模を問わず需要と供給のバランスがとれていないと成り立たない。この需給バランスを保つために、系統連系、自家消費、給電ハイブリッドという三つの方式がある。日本では、二〇一二年七月に固定価格買取制度（Feed-in Tariff：ＦＩＴ）がスタートし、太陽光、風力、水力などの再生可能エネルギーによる発電電力を売る動きが活発化した。この売電は電力会社と協議の上、系統連系という方式で可能になる。系統連系とは、発電電力を送るために、電力会社の送配電網に接続する方式である。系統連系のメリットは、発電による供給電力を全量であっても余剰分であっても、電力網につなげることですべて吸収できることである。したがって、需要に合わせて発電供給量を調整する必要もなく、自動的に需給バランスが成立する。しかし、系統連系で売電する場合は、電力会社と同等の高品質の電力供給が要求される。農業用水を利用した水力発電では流量によって出力が変動するので、そのままの状態で発電電力を系統に接続すると電力会社の送配電網に悪影響を及ぼすことになる。これを避けるために、発電の電圧や周波数を、電力会社の定めた規定値に抑える配電システムが必要となる。特に水力用のパワーコンディショナーはオーダーメイドのため、配電システムの構築に多額の費用が掛かってしまう。発電出力が比較的大きい場合は多少費用が掛かったとしても売電収益で採算の見込みが出てくるが、ＦＩＴによる買い取り期間は二〇年と有限であり持続性には不安が残る。さらに系統連系の問題点は、停電時に発電電力が使えないことである。これは余剰電力を売電するシステムであっても、系統に接続している状態では平常時のような自家消費ができないのである。停電時でも自家消費したい場合は、系統連系とは別に自立運転用の電気回路を作製し、そちらへの切り替え（手動操作）が必要となる。

近年では身近な地域の自然エネルギー資源を発掘し、地域住民が主体となって活用し、地域のエネルギー需要を自分たちで賄おうとする自家発電・自家消費の動きも目立ってきている。自然エネルギーを活用した自家消費は脱炭素化のみならず、災害対応を含む地域のエネルギー自立度が高まるというメリットがある。ただしこの場合、自家発電供給量と自家消費需要量は時系列的に等しく一致していなければならない。供給量が需要量を下回る場合は電力不足になり、逆に上回る場合は余剰となりその電力は熱エネルギーとなって捨てられることになる。

このように系統連系にしても自家消費にしても課題は残されているが、これを解消するための方法として給電ハイブリッド方式がある。この配電システムは石川県にある株式会社別川製作所と北菱電興株式会社が合同で開発したものである（特願2018-225333）。これは、自家消費を基本とするシステムにおいて、水車発電機による供給電力と電力会社からの商用電力を協調させることに加え、余剰売電や停電時の自家消費にも対応可能な系統連系と自立運転の両機能を兼ね備えていることから「ハイブリッド」と呼んでいる。このハイブリッド方式は自家消費を基本としているので、水車発電機による発電量（水車発電量）はすべて自家で利用するものとする。自家消費（需要）量が水車発電量を上回る場合は、電力の不足分のみ商用電源から受電する。水車発電量で需要のすべてを賄うことはできないが、電気料金の節約には寄与できる。また自家消費量が水車発電量を下回る場合は、系統連系を通してその余剰を売電したり、熱源として利用したりするなどの対応が可能である。さらに、災害などによって商用電源が停まった場合でも、自立運転用のパワーコンディショナーが自動的に作動するので、すぐに需要設備に電力が供給される。また需要の優先順位を決めておけば、水車発電量に応じて災害時に必要な設備に対して優先的に電力供給できる仕組みにもなっている。この給電ハイブリッド方式は、蓄電池を必要としないため初期費用や維持管理費の軽減にも役立つという利点もある。

ハイテクを支えるローテク（水車とＩｏＴ）

石川県の南部に位置する白山市鳥越地区（口絵1）は歴史上、加賀の一向一揆で有名な場所である。鳥越地区は一級河川手取川流域の上流部にある農村地域である。この地域も他の中山間地域と同様に人口の過疎化、少子高齢化、農業の担い手不足といった課題を抱えている。そのような状況下、地元の要望もあり、地域振興に繋がる企画を構想するなかで、地域水力発電とスマート農業を組み合わせた事業を展開することになった。この事業の実施主体は、地元の農事組合法人「んなーがら上野営農組合」である（「んなーがら」とはみんなでという意味である）。実施にあたっては、北菱電興株式会社、株式会社別川製作所、石川県立大学がＩＭ（Ishikawa Model）普及協議会というチームをつくり、地元石川県発の取り組みを地域水力発電の普及に向けたモデルとして提案するため、異分野間の融合を図りつつ、安定的汎用型水車発電機の研究開発、現

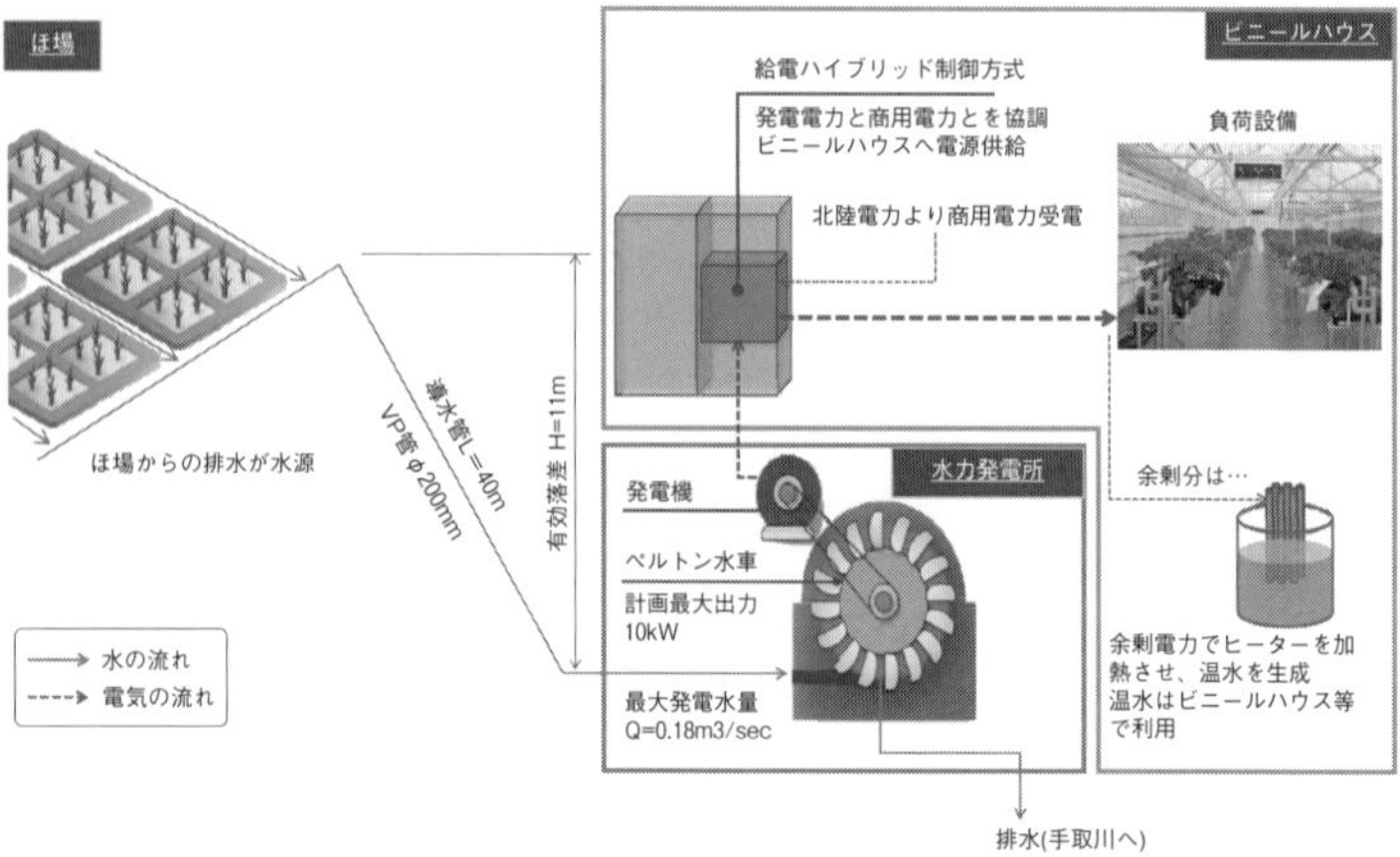

図５−６　石川県白山市鳥越地区の取り組み概要〔北菱電興株式会社（2017）から作成〕

地基本調査、事業設計、地元合意形成、工事施工、維持管理に至るまでのプロセスを担った。一般的に小規模水力発電の導入がＦＩＴの目的である現状において、このような地域水力と農業を組み合わせた自立的システムの運用は全国的にもあまり例を見ない取り組みである。

図５−６に示すように、当事業の地域水力発電は、手取川水系大日川を水源とした農業用水の排水を利用している。圃場からの排水は、落差一一メートルの高さから管水路を通じて水車発電機に流れていく。排水流量は〇・一から〇・一八（立方メートル／秒）の間で絶えず変動しており、それに応じて発電出力も五から一〇キロワット程度（計画値）と変動する。したがって、流量変動にも柔軟に対応できる水車発電機の開発が必要となった。そこで考案されたのが、「ペルトンタイプの多連水車発電機」である（図５−７）。これは、一つの水車を並列に配置することで、あらゆる水理条件に対応できるものである。当事業で導入した水車は、水車直径四五センチメートルのペルトンタイプであり、一つあたり二キロ

ワットの発電性能を有する。これが五連で構成されており、最大で一〇キロワットの発電が可能である。この多連水車の特長は、発電規模に応じて並列に配置する水車の数を調整すればよいので、各現場の条件に合わせてそのつど水車直径を変える必要がなく、製造コストが安く済む。そして水車はコンパクトな組み立て式であり、維持管理がしやすい構造である。

図５－７　ペルトンタイプの多連水車発電機（１台最大２キロワット出力の水車が５台並列に配置されている）

発電電力は農業用ビニールハウスのパッケージエアコン（定格三キロワット）二台に使用し、ハウス内ではイチゴを栽培している。配電システムは給電ハイブリッド方式を採用しており、水力発電で不足が生じた場合は商用電力で補いつつ、優先利用が可能な自動制御システムにより、冷暖房費を大幅に削減できる。余剰電力がある場合は、遮光カーテンの開閉、冬季における土壌加温や消雪のための温水づくり、栽培環境のモニタリング、ＩｏＴ（Internet of Things）技術運用のエネルギー源としても利用されている。また、目標収入は一〇アール当たり一〇〇〇万円であり、イチゴの加工で六次産業化も目指している。

当事業の特徴は、地域水力発電をハウス栽培の室温や土壌環境形成のエネルギー源として役立てるだけでなく、ＩｏＴ

技術を組み入れた次世代型営農システムにも適用していることである。ＩｏＴとは、モノにセンサーを取り付けてインターネットを介して遠隔操作、遠隔監視、モニタリングデータの蓄積などをおこなうことである。当事業のシステムでは、監視カメラや制御装置をインターネットにつなぐことによって、遠方からでも水車発電やイチゴを育てているハウスの状況をタブレットやスマートフォンで監視・制御できるようになっている。また、現地でのモニタリングデータを蓄積・解析することで、経験のみに頼らない新たな営農手法の確立も可能になる。これらのシステムにより、特に労働条件が厳しいとされる畑作農業において、労働時間や作業負担の削減が図られ、さらにはデータの解析による栽培方法の確立もできることから、新しい担い手確保に繋る営農が期待される。実際にこの事業を通じて二名の新たな雇用も生まれている。

ハウスでは、作業性向上と衛生的な環境を実現するために、腰くらいの高さで作物を育てる高設栽培を採用している。栽培されたイチゴは、水力エネルギーを使ったことを売りに「Princess Urara」としてブランド化にも成功した。ただ、イチゴの生育がよいと収穫作業が大変になるという新たな課題もみえてきた。イチゴは新鮮さが命なので、手早く丁寧に多くのイチゴを摘み取らなければならず、収穫後の運搬作業も考えると二名の人手だけではかなりの労力となる。そこで本事業では、イチゴハウスをイチゴ摘み取り体験のできる施設として、すなわち観光農園として運営している。イチゴ摘み取り体験は有料（大人ひとり二〇〇〇円）で実施しており、都市との交流人口の増加を図るなかで、地域経済が潤う仕組みにもなっている。なお、イチゴ摘み取り体験の来場者は、二〇一八年で三五〇〇人、二〇一九年で五〇〇〇人を超えており予約殺到の人気を博していた。この事業は地域振興に向けた始めの一歩であり、これを契機に鳥越地区全体で地域資源を活かしつつ観光ルートを面的に拡大していくことが重要である。

当事業では、地域水力発電とスマート農業を組み合わせたシステムを紹介した。どうしてもハイテク技術を取り入れたスマート農業に目が行きがちであるが、この事業の根幹をなすのはローテクの水車発電機である。水車発電機がなくては、この新しいシステムそのものが成り立たないのである。かつて戦後の急速な農業機械化に対応できず衰退した水車も、地域分散型エネルギー供給システムの舞台裏でハイテク技術を支える大切な存在として、その価値が見直されてきたのである。

一年後に評価された地域水力発電（住民との合意形成）

滋賀県米原市甲津原地区（口絵1）は、伊吹山の中山間地域に位置する、人口一〇〇名足らずの静かな集落である。他地域とのアクセスは県道一本しかなく、土砂災害や大雪に見舞われた際には県道が封鎖され孤立状態に陥る危険性をはらんでいる。そのような背景から、同地区の避難施設である甲津原交流センターで安定電源の確保が求められ、米原市が主体となり、最大発電出力四・五キロワットの水力発電機（水車発電機は北菱電興株式会社製で、前述の白山市鳥越地区で使用したものと同型、配電盤は別川製作所製）を導入することになった（図5−8）。

甲津原地区に導入された水力発電所は、既存の農業用パイプラインから分岐した水力を利用している。水車や発電制御盤などの装置は、九平方メートルの建屋内にすべて収納されたコンパクトな発電所である。ここで得られた電力は、災害時の避難場所に指定されている甲津原交流センターへ供給される。甲津原交流セ

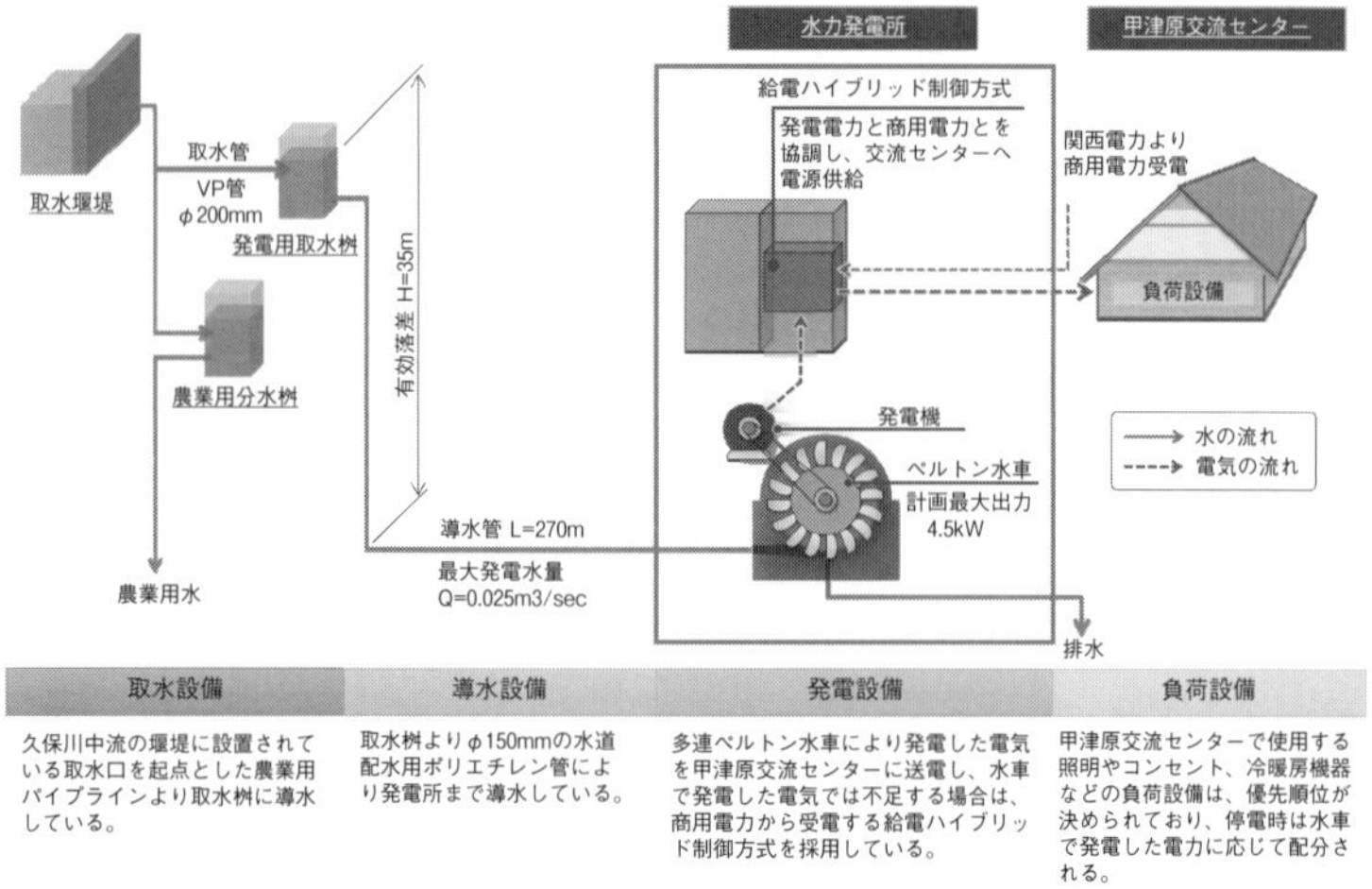

図５−８　滋賀県米原市甲津原地区の取り組み概要〔北菱電興株式会社パンフレット（2018）から作成〕

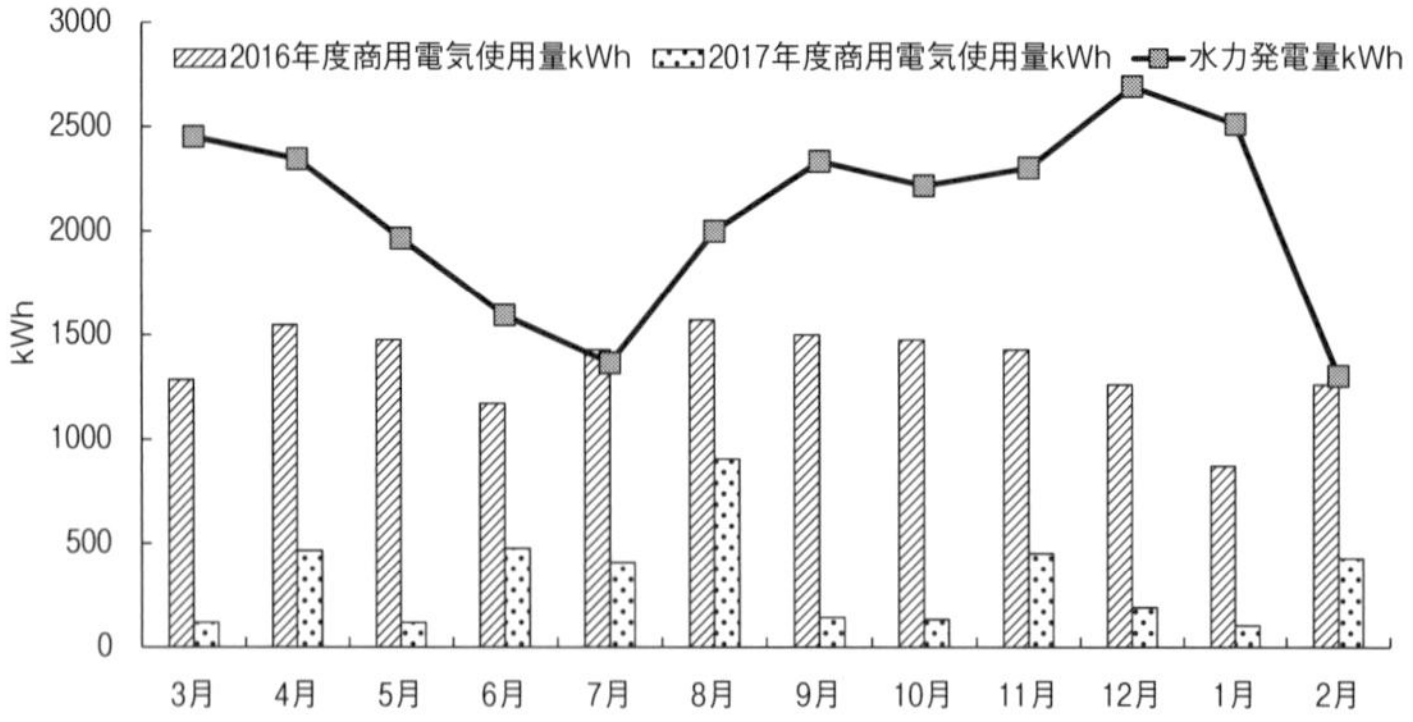

図５−９　滋賀県米原市甲津原交流センターにおける水力発電導入後の電気使用量の変化〔北菱電興株式会社（2018）から作成〕

ンターは通常時は、漬物工場や喫茶店などとして地元住民の憩いの場になっている。センター内では給電ハイブリッド制御システムを採用しており、発電電力に応じ、使用できるコンセントや電気機器の優先順位を予め指定している。そのため、非常時においても特に操作は必要とせず、高齢者の多い甲津原地区でも安心して使用でき、避難施設としても十分な機能を有している。このほか日常でも発電した電力をセンターで優先して使用するシステムにより、商用電力の使用を大幅に削減することができる。商用電源と併用しつつ、水力電源を優先利用することで、結果的に商用電力消費量が七割減になり、光熱費も削減できたのである（図5-9）。発電による直接の収益はないため、当初は地域住民の反応はなかったが、商用電力の節電効果は売電収入と同等の価値があることを明示したことで理解が深まっていった。

そして、この水力発電が注目されるようになったのは、台風に被災したことがきっかけであった。二〇一八年九月四日に徳島県に上陸して北上した台風二一号は四国や近畿地方を中心に甚大な被害をもたらした。燃料タンカーが関西国際空港の連絡橋に衝突した映像は記憶に新しい。あの時、甲津原地区でも夕方から全域で長時間の停電が発生していた。しかしこのセンターだけは水力発電で電気が使えるということで、住民は心強い気持ちで過ごすことができたようである。

甲津原地区に導入された水力発電設備は、再生可能エネルギーの地産地消を実現する施設であることはもちろんのこと、災害時でも自立的に利用できることを実証したのである。

図５−10　富山県砺波市立砺波東部小学校の取り組み（昼間と夜間の様子）、写真左の白丸にらせん水車発電機がある。

通学路を照らす地域水力発電（蓄電池の活用）

富山県砺波市立砺波東部小学校では、農業用水路から校内ビオトープに取水した流量を利用し、らせん水車（協同アルミ株式会社製で、上述第三節の河合谷地区で使用したものと同型）を導入した水力発電がおこなわれている（図５－10）。この取り組みは、発電出力一〇ワットのらせん水車で七〇ワットのイルミネーション（電飾）を灯すために、蓄電池を利用して需給バランスを保ったシステムを用いていることが特徴である。そのまま発電機と電飾をつないだのでは、電力量が不足していて電飾を灯すことができない。そこでバッテリーを利用して、電飾に通電する時間を小学校の下校時間帯の二時間と決め、それ以外はらせん水車発電で蓄電するというシステムを導入した。このシステムは、砺波東部小学校と山森電機サービス、ウィズケィ（電飾などの施工会社）、協同アルミ株式会社の地元企業の連携によって構築されたものである。発電規模はわずかであるが、そのことがバッテリーとの組み合わせを経済的にも可能にし、発電出力を超える需要設備を賄うことができた点は画期的である。

この取り組みは小学校の環境教育にも活用されている。児童たちは当番制で水車発電機のモニタリングを毎日おこなっている。また、電飾は通学路や車の多い道路に面しており、多くの市民が目にする機会も多く、日常的には小学校の教職員、ビオトープ委員会の父兄や地域住民の方々が維持管理をこまめにおこなっている。

第五節　地域水力発電の普及に向けて

地域水力発電を導入するとき、水利権、電気事業法、水路管理者の許諾などの手続きを踏むことは必要であり、場所によってはそれらが普及の障壁になっている場合もある。しかし、それ以上に重要なのは採算性と維持管理の問題である。この問題を解決するカギは、水車発電機そのものの技術ではなく、導入前の水理条件と導入後の長期的維持管理体制にある。

地域水力発電にかかる導入費用やランニングコストは、太陽光発電や風力発電などと比較されると、初期コストがかさむ水力発電は分が悪い。地域水力発電も量産となれば初期費用は軽減できると考えられるが、すぐ故障するような安かろう悪かろうの機材では、長期的に見た時に採算が取れない。むしろ初期コストは高くても故障しにくく長持ちする水車発電機であれば、発電原価（耐用年数期間における総発電量に対する総費用の割合）を下げることができ、採算の見込みが立ってくる。果たしてそのような水車発電機は作製できるのだろうか。技術的には十分可能である。ただし、水車発電機に入ってくる水が量的に安定し、ごみや土砂の流入がないことが前提になる。つまり、地域水力発電事業の成否は、水の流れで決まることになる。そのため究極的に大切なのは黒崎（二〇一六）も指摘しているように流域水循環の保全と管理である。特に流域の水源となる山林の保全は重要で、適切に管理されればダムのように自然に雨水貯留機能を発揮し、流出量の平準化が図られる。さらに土砂災害のリスクも低減でき、河川が土砂で濁水になることも少なくなる。

大正時代から発電事業を先駆的に展開してきた富山県では、水力発電の意義は治山・治水にあった。流域レベルで水循環を健全に保つことは、大小を問わずすべての水力発電事業を成功させるために必要不可欠である。またそれに関連して、流域内の農業用水路を造成または改修する際にも、かんがい排水や生態系保全といったこれまでの機能のみならず、水力利用にも配慮した水路整備が望まれる。

維持管理にも関連して、これは地域水力発電ならではのことであるが、地域住民の合意形成は絶対に必要である。理想を言えば、地域水力発電導入前の適地調査の段階から地域住民が参加していることが望ましい。地域水力発電の導入適地は、一見地図上でもわかりそうである。衛星写真で水路や河川で白く波立った箇所があれば、そこは流量と落差が得られる場所なので水力発電ができそうであるが、そこがもっとも適しているかどうかは衛星写真だけからではわからない。また、発電にとって適した場所が発電所の設置にふさわしいとはかぎらない。そこが歴史的に安全な場所であるか、また地域にとって社会的にどのような場所であるかなどは、地域住民しか知り得ないからである。

とは言え、初めから地域住民の合意形成を得ることは簡単ではないのも事実である。滋賀県米原市甲津原地区の事例では、行政が先導して事業がすすんだ。一年、二年と経過するうちに交流センターの電力料負担の軽減や災害時の非常用電源の確保による安心感を地域住民が実感することで徐々に評価されるようになり、ひいては水力発電設備の維持管理にも関心が高まってきた。このように時間をかけて緩やかに合意形成を得ることも有意義である。

地域水力発電による効果は、当然のことながら地域住民に還元されなければならないが、そのためは地域で抱える課題が何で、地域水力発電を導入することでどのような利益をもたらすかを地域住民の間で明確にしておく必要がある。つまり水車発電機は一つの道具であり、その道具を何のために、どのように使うかが大切である。いい道具は長く使いたくなり、使えば使うほど愛着も湧いてくる。できることなら修理や改良は自分たちの手でおこなって大切に守っていきたい。そのような利用者の気持ちが行動に表れる形での維持管理が理想的である。

以上のように、地域水力発電の導入にあたっては、導入前の準備と導入後の維持管理がカギとなり、これらが整って初めて水車技術が生かされ普及に向けて明るい光を灯すことになる。

引用文献

岡村鉄兵・高野雅夫・水野勇・鈴木和司・瀧本裕士・宮崎平三（二〇一一）「らせん水車を用いた農業用水路におけるピコ水力発電システムの最適設計と実証試験」（『農業機械学会誌』七三巻五号）、三〇五〜三一二頁。

菊山功嗣（一九九九）「マイクロ水力発電」（清水幸丸編『自然エネルギー利用学〔改訂版〕地球環境の再生をめざして』パワー社）、一四四頁。

黒崎龍悟（二〇一六）「水資源の活用と環境の再生——小型水力発電をめぐって」（重田眞義・伊谷樹一編『アフリカ潜在力　第四巻　争わないための生業実践』京都大学学術出版会）、三〇一〜三三一頁。

経済産業省（二〇一八）『第一二回　総合資源エネルギー調査会　電力・ガス事業分科会　電力・ガス基本政策小委員会資料四

―１農事用電力料金について』https://www.meti.go.jp/shingikai/enecho/denryoku_gas/denryoku_gas/pdf/012_04_01.pdf（二〇二〇年一二月参照）。

瀧本裕士（二〇一〇）「農業用水路を利用したマイクロ水力発電システムの開発」（『海外情報誌ARDEC』四二号）、二三～二七頁。

瀧本裕士・丸山利輔・立田真文・能登史和・吉田匡（二〇一四）「マイクロ水力発電用螺旋水車の動力特性と効率化に関する研究」（『農業農村工学会論文集』八二巻二号）、五九～六六頁。

ターボ機械協会（一九八九）「水車の形式と構造〔六〕」（『ターボ機械―入門編―〔改訂版〕』日本工業出版株式会社）、一六七頁。

富山県教育委員会（二〇一〇）「とやまの近代歴史遺産」『とやま文化財百選シリーズ（六）』http://www.pref.toyama.jp/sections/3009/3007/digital/03-event/kindai/kindai.pdf（二〇二〇年一〇月参照）。

農林水産省農村振興局農村整備部（二〇二〇）『農業農村整備事業等による小水力発電の整備状況（整備完了）』https://www.maff.go.jp/j/nousin/mizu/shousuiryoku/pdf/R2_suiryoku_seibi.pdf（二〇二〇年一〇月参照）。

日向信二（二〇一一）「エネルギー自給のまちづくり」（『日本風力エネルギー学会誌』三五巻三号）、四八～五一頁。

北菱電興株式会社（二〇一七）『ＩＭ普及協会』（パンフレット）。

北菱電興株式会社（二〇一八）『地球の水資源を非常用電源に活用～マイクロ水力発電導入事例～』（パンフレット）。

宮崎平三（一九九三）「富山県の螺旋水車の一事例」（『農業機械学会誌』五五巻三号）、一三九～一四一頁。

宮崎平三（二〇〇六）「螺旋水車で水力発電」（『現代農業』一月号）二六〇～二六三頁。

映像資料

砺波市柳瀬地区自治振興会（二〇一九）記録映画「女で護る村」。

第六章

水車を介した国境を越えた協働——「ゆるやかな共」の繋がりから考える地域水力

荒木美奈子

タンザニア・ムビンガ県の水力製粉機小屋と村の中心に延びる電線（荒木美奈子撮影）

第一節　水車を支える住民組織の結成

タンザニア南西部は、急峻な山々が連なる山岳地域となだらかな丘陵地域、そして湖岸地域から成りたち、山岳・丘陵地域はそこに居住する民族マテンゴの名に因んでマテンゴ高地と呼ばれている。インド洋に面したタンザニアの首座都市ダルエスサラームから一一〇〇キロメートルほど離れた、モザンビークとマラウイの国境に接した辺境の地にある。二〇〇〇年にマテンゴ高地にあるK村を初めて訪れることになったが、遠方からは蜂の巣のようにみえる畑や斜面地での人びとの仕事ぶりに目を奪われるとともに、村のあちこちで響き渡るディーゼル製粉機の音が印象に残った。当時私はこの地で開始された地域開発のプロジェクトに携わっていたが、最初に取り組んだのがディーゼル燃料の代わりに水力を使用した製粉機設置の事業であった。それから二〇年ほどの歳月が経過したが、住民による持続的な運営のもとに水車（タービン）は回り続け、水力製粉機（ハイドロミル）を基盤とした発電事業へと発展している。斜面に掘られた取水口から貯水池までの導水路の両側に植えられた草木も生長し、取水口の周辺はこんもりとした森となり、水力を利用した施設の維持・運営と環境保全とが連動してすすめられていることがみてとれる。こうした事業に一貫して携わってきたのが、プロジェクトのもと現地で結成された住民組織「セング委員会」である。

センゲという名が住民組織につけられた時のことをいまでも鮮明に覚えている。水力製粉機建設に向けて住民が集会を開き、製粉機建設を指揮する住民組織を発足させた。プロジェクトと住民側との初回の会議の際に住民組織に名前をつけることになり、「開発委員会」や「製粉機委員会」などといった名前があがったが、どれにも納得がいかず持ち越しとなった。次の会議の場で、住民組織の委員長に就いた年長の男性が、「セング委員会と名づけることにした」と告げ、次のように説明した。「マテンゴ社会には古くから伝わる共食慣習があり、今では廃れてしまったが、かつては同じ地域内に暮らす拡大家族が食事を共にしながらさまざまな問題について協議をしていた。この共食の場をセングと呼び、拡大家族の方針はここで決定されていた。新たに始める事業を、人が集い議論し、目的に向かってともに働く場にしたいと考えたら、センという名前しかないと思った」と語った。その後、セングの名を冠した委員会が中心となり、二年間にもわたる建設作業を経て、二〇〇二年に水力製粉機が完成することになる。それが賦活剤となり、植林、農民グループ活動、中学校建設、小型水力製粉機建設、給水事業などの活動が展開し、今では水力製粉機を基盤とした発電事業が進行している。

本章では、地域水力を地域の持続的な発展に資する原動力としてとらえ、第二節では、「セング委員会」に着目し、水力製粉機とそれを基盤とした発電事業に至るプロセスをみていくことにより、地域水力の特質を明らかにしていく。第三節では、技術的な助言や支援を続けてきたドイツ人技術者V氏に焦点をあて、協力に至る経緯とその背景にあるドイツ社会や組織について検討していく。これらを踏まえ、第四節では、水車を介してタンザニアとドイツという異なる地域が繋がることから示唆されることを結論として述べていきたい。

第二節　タンザニア農村における水力製粉機から発電への歩み――

マテンゴ高地の人びと

タンザニア南西部マテンゴ高地の人びととは、一九世紀中頃、南部アフリカから侵攻してきたンゴニ民族に追われ急峻な山岳地帯に逃れて以降、この地に居住してきた。多くの人びとが狭い地域に集住し、急斜面を頻繁に豪雨が襲うという厳しい環境のなかで、斜面地にある畑に穴を掘って土壌浸食を防止するンゴロと呼ばれる農法を生み出した。ンゴロとは、マテンゴ語で「穴」を意味するが、ンゴロ農法は土壌浸食の防止のほか有機肥料の確保など多面的な機能をもつ在来の集約農法である（図6―1）。一九二〇年代になるとコーヒー栽培が導入され、ンゴロ畑での主食のトウモロコシとインゲンマメ栽培と家屋の周辺でのコーヒー栽培という農業形態ができあがっていく。ンゴロ農法という特異な在来の集約農業がどのような生態・社会環境のなかで創出・維持されているのかを総合的に研究するために、一九九四年からの三年間、ＪＩＣＡ（Japan International Cooperation Agency: 現国際協力機構）の研究協力プロジェクト「ミオンボ・ウッドランドにおける農業生態の総合研究」がおこなわれた。そして、その成果をもとに、ＪＩＣＡプロジェクト方式技術協力「ソコイネ農業大学・地域開発センター（Sokoine University of Agriculture, Center for Sustainable Rural Development）プロジェクト（以下、プロジェクト）」が、一九九九年から二〇〇四年までの期間実施されたのである。

プロジェクトは、フィールドワークによる多面的・学際的な実態把握に基づき、住民の積極的な参加を促

図6－1　斜面に耕されたンゴロ畑

しつつ地域の「在来性のポテンシャル」を踏まえた計画を構想し、実践していくことを目指した。対象地域は、研究協力を実施したルヴマ州ムビンガ県（口絵2）のマテンゴ高地の二つの地域となった。ひとつは、一九〇〇年前後に人びとが移住した、マテンゴ発祥の地である標高一三〇〇メートル以上の山岳地域にあるK村であり、もうひとつは、一九六〇年代以降山岳地域での人口増加や土地不足により丘陵地域に移住がすすむようになるが、その移住先である一三〇〇メートル以下の開拓村T村（本書の第四章参照）である。それぞれの地域で、経済の活性化と環境保全の両立を目指した諸活動が、各地域の生態・社会的な特質を活かして展開されていった（掛谷 二〇一一、伊谷・黒崎 二〇一二）。私は、プロジェクト実施期間のうち計三年ほどJICA専門家として参加したのち、毎年三～四週間のフィールド調査を実施することにより、諸活動が展開していくプロセスをモニタリングしてきた。

本章で事例として取り上げるK村は、標高一三〇〇から

図6−2　水力製粉機を基盤に、のちに発電設備を併設した小屋

二〇〇〇メートル前後の山地斜面にあるマテンゴ発祥の地のひとつであり、県庁所在地であるムビンガ市街地から西に一五キロメートルほどのところに位置している。K村ではプロジェクト開始時期におこなわれた住民や県との対話をとおして、水力製粉機設置がニーズのひとつとしてあがってきた。水力を利用した製粉機は、河川の水を高い所から落として、その力を利用して粉砕機を回す構造になっている（図6－2、本書の第一章参照）。ムビンガ県にはキリスト教系団体が主導する六つの水力製粉機が既に設置されており、住民にとって馴染みのある施設であった。主食のウガリ（トウモロコシの粉をゆで、練って団子状にしたもの）の材料であるトウモロコシを杵と臼で粉にする作業は、女性にとって水汲みや薪集めと同様に重労働である。タンザニア農村ではディーゼル燃料を用いた製粉機が普及し、現金に余裕がある世帯では、使用料を払ってトウモロコシをはじめとした穀物の製粉をするのが一般的である。K村でも一九九〇年代に入り

ディーゼル製粉機を所有する世帯が増えていたが、燃料価格の上昇や後に述べる経済の低迷の影響を受け、利用者への負担を増やすばかりか所有者にとっても高い燃料費や税金を払って維持していくことが負担となっていた。このような状況下で、地域資源である水力を利用した製粉機の設置は、安価な製粉が可能となり出費の削減につながることから利用者のみならず所有者にも支持されたのである（荒木 二〇一一）。

まずは「製粉」からのスタート

K村では水力製粉機設置からプロジェクトが開始されることになったが、住民の一部から「製粉」のみならず「発電」も同時におこないたいという希望が出てきた。これに対してプロジェクトの基本的な姿勢は、インフラ設備の設置を目的とするものではなく、地域の持続的な発展を住民が主体となって実施していくプロセスを促していくというものであった。マテンゴ社会には、ンタンボと呼ばれる、川の支流などで区切られた「ひと尾根」とでも表現できる地形単位がある。原型的なンタンボは、山頂部にわずかに林が残り、中腹には家屋や菜園・コーヒー園があり、斜面にはンゴロ畑がひろがり、谷地には湿潤な土地を利用した菜園や果樹園が散在するというものであるが、これがマテンゴ社会を構成する生産・消費の社会生態的な単位となっている。プロジェクトは、このンタンボの利用と保全を目指すとともに、完成された物のみを成果とするのではなく、そこに至る活動をとおして住民が主体的に計画・交渉・問題解決・実行していく能力（キャパシティ）を培っていくことを目指した。この基本方針に沿ってプロジェクトを実施する際に、マテンゴの在来の知識や技術が重視された。人びとは昔から集水域の小さな谷から土地の傾斜を利用して用水路を掘り、家屋がある一帯まで水を引き入れ生活用水やコーヒーの果肉を取り除く作業に利用してきた。斜面に耕されたンゴロ畑は、土壌浸食を防ぐという機能を備えておりそれ自身が巧みな治水システムであるが、こうした治山・治水をめぐる在来の知識や技術の延長線上に水力製粉機を位置づけ、その設置を賦活剤としてプロジェクトをすすめていくことを目指したのである。また、人口密度が高く山頂付近まで耕地化され環境劣化の問題に直面していたK村では、水力製粉機を設置することにより、水源を維持するために住民が環境保全に関心を抱くようになることも重要な効果として期待された(掛谷二〇一一、荒木二〇一一)。

プロジェクトの趣旨が住民や県など関係するアクター間で共有され、技術面やコスト面でハードルが高い「発電」を除外し「製粉」のみを目的とした水力製粉機建設に着手していくこととなった。この事業を指揮する住民組織が結成され、冒頭に述べたように、セングの精神を活かしていくために「セング委員会」と名づけられた。技術面では、ムビンガ県の六つの水力製粉機建設に携わってきたドイツ人技術者V氏のことを知り、設置場所や必要な資材、とりわけ重要となる水車(タービン)の選定などについて助言を求めることになった。V氏の助言を受け、水量や落差を考慮しながら製粉機を設置する小屋や取水口などの場所を決めていくことになったが、唯一設置可能な場所の近くに滝つぼがあった。精霊が棲んでいると人びとが敬ってきた場所であり、当初住民はそこに新しい物を導入することに抵抗を感じていたが、話し合いのなかで設置工事を始める前に村の伝統行事を司る古老を呼び、工事の無事を祈念しつつ水源を守る儀式をとりおこなうことにした。さらに、水力製粉機を持続的に維持していくためには流域の環境保全にも力を入れていくことになるが、それが精霊の棲み処の水を枯らさないということにも繋がる点がメリットとしてあげられ、結果として住民の主体的参加を促すことになった。

小規模な水力発電への道のり

水力製粉機の設置工事開始後も、紆余曲折の道のりが待っていた。雨季の間は作業が滞り資材の高騰や納期の遅れなどもあり、水力製粉機が完成したのは開始から二年近く経った二〇〇二年のことであった（口絵15、図6－3）。完成後にそれを持続的に運営していくためには、村内や流域の環境保全が重要であることについての話し合いが建設期間中何度もおこなわれた。プロジェクトや県の専門家の助言もあり環境保全の重要性が住民にも理解され、完成した製粉機小屋の傍らに住民自ら育苗場を設け、製粉からの収益を使い植林を始めていった。また、各村区（村落の下の行政単位）に二〇名前後の農民グループが結成されるようになり、植林・養魚・養蜂などの諸活動をとおしてンタンボの利用の向上や環境保全に向けての活動がおこなわれるようになった。セング委員会のメンバーは、各村区に結成された農民グループを訪ね歩き、助言をするなどフォローアップをおこなった。水力製粉機建設をはじめとし、農民グループ活動での養魚や植林活動、行政による村落給水の普及が遅れているため自発的に着手

図６－３　製粉に行く女性

した給水事業などの諸活動が、マテンゴの在来知識や技術を基礎としながら展開したことが、彼らの自信に繋がりそれが以下に述べる活動の原動力となっていった。

水力製粉機建設などに触発され小学校と診療所を修復した後、県からの補助と自助努力により何年もかけて中学校建設に取り組んだ。これにより他村や他県に行かなくても中学校に進学することができるようになり、比較的貧しい世帯の子どもたちにも中学校進学の選択肢ができた。資金が足りず寄宿舎を建設することができなかったが、近隣の家々に分散して宿泊させることにより村外からの学生に対しても門戸を開いた。このようにして待望の中学校を建設し教育環境を整備していくなかで、電気を引きたいという意見が出てくるようになった。K村のみならず周辺の村々からも患者が訪れる診療所についても、医薬品の保管や夜間の急診のための電気のニーズは以前からあった。水力製粉機の修理に溶接が必要な場合は町まで機材や部品を運んでいかなくてはならず、村で溶接ができればどんなに便利だろうという声や、携帯電話が普及するようになったが村で充電できる場所が限られていたため充電サービスを提供する場があればという声など電気への期待が膨らみ、「次は、発電だ」という機運が高まっていった（荒木 二〇一六）。

こうした動きと並行して、水力発電へのアプローチを決定づけるような出来事が起きた。水力製粉機建設時に、設置場所から遠く離れたM村区の住民も建設に参加する条件として、将来的に製粉による収益の一部を使いM村区にも小型の水力製粉機を設置するという約束を交わしていた。数年後に水力製粉機の収益の一部と県からの支援を合わせて、小型水力製粉機を建設する目途がたった。水力製粉機とセング委員会を「親」とするのであれば、小型水力製粉機は親から生まれる「子」であるとの認識のもと、「小（子）セング委員会」を結成し、親であるセング委員会とともに小型水力製粉機設置に向けて動き始めた。セング委員会はM村区に幾度となく足を運び協議を重ね、外部の技術や資材に頼るのではなく、ローカルの技術や材料を用いて建設することを目標に掲げた。必要な資材については、ムビンガ市街地や県外の大きな町で購入し、三〇キロメートルほど離れた村で小規模な水力製粉機を作り運営している元小学校の教員N氏（本書の第一章と第四章参照）に技術的な助言や指導をうけることにした。決起集会を開き意気揚々と設置作業に着手したが、資材の高騰や雨季の間の作業の遅延、M村区で並行して実施していた給水事業との労働競合という事態などに阻まれ、完成までに数年の年月がかかることになった（荒木二〇一一、口絵14）。完成時の喜びも束の間、製粉機の運営を始めてしばらくすると故障や不具合が頻繁に起きるようになった。そのたびにN氏にきてもらっていたが、頻発する故障にN氏のモチベーションが低下したのか次第に足が遠のくようになり遂には来るのをやめてしまった。また、機材や部品を買い替えるために県に追加の予算を申請したが県も難色を示すようになり、水力製粉機の収益を追加で投入しようとした際には当時の村長による使い込みが発覚した。人びとの意欲と関心が徐々に萎えていき、運営がされないまま月日が過ぎていった。設置場所が谷間の人の往来が少ない場所であったこともあり、製粉機小屋の窓枠、屋根のトタン、機材や部品などが盗まれるようになり、数年のうちには廃屋のようになってしまった。落胆と諦めの気持ちとともに、国産や中国製の機材・部品や地元の職人の技術では、個人所有の物には対応できても、大勢の人が利用する村や村区での使用に堪えうる水力製粉機は作れないという教訓を植えつけることになった。

ひとつひとつ困難を乗り越え、成果を積み重ねることによりキャパシティや自信をつけてきたセング委員

図6－4　谷底の製粉機小屋から村の中心部に延びる電線

会にとって、この経験は一度立ち止まり内省する機会となった。将来的には村の大切な共有物である水力製粉機の施設を基に発電に発展させていきたいという機運が高まっていたが、新たな挑戦をする際には外部者の助言や支援をうけながら着実にすすめていくことが、長期間にわたり施設を維持・運営していくことに繋がると考えるようになっていった。いっぽう、一九九〇年代後半にムビンガ県に六つある水力製粉機設置に携わり、プロジェクトの製粉機設置の際に助言をしたV氏は、「いつの日か水力製粉機を発電に繋げたい」という思いを抱いてきた。その思いを実行に移すために、二〇一〇年にムビンガ県にある自身が関わった全ての水力製粉機を視察した。その結果、K村の水力発電機が、施設の管理・維持面のみならず、セング委員会を中心とした村びとによる主体的なコミットメントにおいても群を抜いて優れていたことに感嘆し、発電に繋げていく支援をすることを決意したという。こうして

図6－5　山の中腹に設置された電気を用いた製粉機の小屋

双方の利害や思いが一致し、二〇一一年、出力五〇キロワットほどの水力発電事業が開始された。製粉機が設置されている小屋に発電機・配電盤・変圧器などの発電設備を併設し、送電線を通して電気を村の中心にある小中学校・診療所・教会などに送った（本章扉写真、図6－4）。同時に、携帯電話やバッテリーの充電サービス、電動バリカンでの散髪、溶接機器を用いた修理などがおこなわれるようになった。製粉のために谷底まで降りて行かなくてもよいように、ひとつの村区の山の中腹に新たに製粉機を設置し、こちらの製粉機は電気を用いて稼働させている（図6－5）。他の村区にも将来的には同様の製粉機小屋を設置する予定である。その後、全世帯に向けての送電事業が開始されるが、村全体への電化には多額の資金が必要となることから、エネルギー・鉱物省の下に設置されている地方エネルギー庁（Rural Energy Agency: REA）に申請書を提出し、支援を得ることに成功している。

このように地域資源である水資源のポテンシャルを活かし発電にまで繋げていったK村ではあったが、電気へのアクセスをめぐる問題にも直面している。まず村内での問題としては、ＲＥＡの支援には電柱から引き込み線を通して室内に配線する費用は含まれておらず、その費用のほかに月々の電気料金がかかることから、世帯間での格差が顕在化してきた。農村電化といった際に、一村落の全世帯に一律電気が届くわけではなく、小規模な水力発電へのアクセスや太陽光パネルを備えることのできる比較的豊かな世帯があるいっぽうで、依然としてかまどの火やコスト高になる乾電池式懐中電灯の使用を余儀なくされている世帯があるのである。次に、近隣の村々との関係をみていくと、水力製粉や発電で使用した水を川に戻すとはいえ、複数の村をまたいで流れる川という地域の共有資源を利用する際には、近隣の村々への貢献が期待される。水力製粉機や診療所・中学校はK村のみならず近隣の村々にも恩恵をもたらしてはいるが、隣のD村からはD村も電化事業の対象にしてほしいとの要望があるなど、より直接的な恩恵への期待もある（荒木 二〇一六）。水力製粉機の持続的な維持・運営には流域の環境保全が必須であるため、水資源の利用と環境保全の双方から流域の村々との関係の構築が必要となっている。こうした格差や近隣の村々との関係をも内包しつつ、今日に至るまで電化事業がすすめられているのである。

マテンゴ社会における「ゆるやかな共」としてのセング

プロジェクト開始から二〇年以上の歳月が流れたが、水力製粉機設置以降、さまざまな活動が住民主導で展開している。その理由について住民や関係者に尋ねると、迷うことなく「セング委員会の貢献」をあげる。

この村の歩みにおいて、セング委員会はどのような意味をもってきたのであろうか。

まずはじめに、マテンゴ社会におけるセングについてみていきたい。一九四〇年代以前のマテンゴ社会には、ムシという数世帯単位の拡大家族が母体となるセングという共食慣行があった。ンタンボのなかで人びとが食事をともにしながら、結婚相手の決め方やンゴロを始める時期といったことから村レベルの事柄まで話し合い、問題についてはその解決策を議論し、地域内の了解を促すものとして機能していた。センクはンタンボの成員によって支えられていたが、ほかのンタンボや遠方から訪ねてくる人たちとも食事を共にし、議論を交わすなど外部にも開かれた場であったという。こうしたセングは、一九四〇年代以降制度的には消失していき、センクという言葉さえ忘れ去られていくことになるが、その大きな契機となったのが、一九三〇年代から急速に村内で展開していったコーヒー栽培である。コーヒー栽培は世帯ごとに経営内容が異なり、それぞれの労働時間が拡大していくなかで、共食慣行としてのセングが解体していったという（杉村二〇〇九、掛谷二〇一一）。

タンザニア全体に目を向けると、一九六一年の独立後にアフリカ型社会主義政策を採用し、一九七〇年代に農民の集住化を基礎とした集村化（ウジャマー村）政策がすすめられていったが、一九八〇年代初頭に破綻した。一九八六年には世界銀行やＩＭＦ（国際通貨基金）による構造調整政策を受け入れ、経済の自由化・市場経済化に舵をとりすすんでいくことになる。ムビンガ県では、一九二〇年代にコーヒーが導入されて以降、コーヒー生産がこの地域の経済を支えてきた。ムビンガ協同組合（Mbinga Cooperative Union: ＭＢＩＣＵ）がコーヒー生産と流通に関わる業務を一手に担いコーヒー生産の安定化に寄与してきたが、このことが、農

図６－６　コーヒーの実を摘む農民

村での人びとの関係性に大きな影響を与えることになった。かつてはセングのメンバー間での結束が強く、協議し合意のもとにンタンボを利用していたが、生産から流通まで支援してくれるＭＢＩＣＵとコーヒー生産農家（図６－６）との個別の繋がりに変化していくなかで、ムシのなかで人びとを結びつけてきたセングの機能も弱まり消失していったのである。一九九四年にコーヒーの流通が自由化されると、民間業者との競合のなかでＭＢＩＣＵは急速に力を弱め、政府の構造調整政策の一環として経営不振の組合には融資を打ち切る方針のもと、一九九六年に破産してしまう。民間業者はコーヒーの買い取りだけに専念し、ＭＢＩＣＵが担っていたコーヒーの生産から流通におけるサービスを代わりに担うことはなかったため、コーヒー生産農家は大きな打撃を受け生計は急速に逼迫していった。

プロジェクトが始まった一九九〇年代後半は、経済の自由化、コーヒー経済の低迷、ＭＢＩＣＵの崩壊などの変動のなかで農民の生活が根底から揺らいだ時期であった。ＭＢＩＣＵとの結びつきが強まるなかで、かつての親族間での絆や農民同士の連携、共食慣習としてのセングが失われていったため、ＭＢＩＣＵ倒産後は、「個」としてグローバル化や市場経済化の大きな波に翻弄されていくなかで、農民はプロジェクトと出会っていったのである。水力製粉機設置にあたり語られた「人が集い議論し、目的に向かってともに働く場にしたいと考えたら、センგという名前しか思い浮かばなかった」という言葉は、助け合いの精神が薄れ、「個」として困難な状況に直面していくなかでの切実なる思いの表れであったといえよう。そして、水力製粉機設置以降も展開している諸活動は、セングの精神を思い起こし、ともに働き助け合うための「ゆるやかな共」（荒木 二〇一一）を創り出していく過程であったと考えることができる。

ここで注目したいことは、セングの精神がどのような形で現代に蘇ってきたかという点である。かつてのセングは、ムシという数世帯単位の拡大家族が母体となる共食慣行であった。そこでは土地所有や相続などの決まりが協議され、長老の権限が絶対である強固な上下関係があり、女性は料理の準備はするが共食の場に加わることはできなかった。これに対して現代に蘇ったセングは、数世帯単位の拡大家族の枠を越え七つの村区から幅広く構成員を選び、女性もメンバーに含めることによりメンバー構成に広がりをもたせている。また、かつてのセングが拡大家族内での事項を扱っていたのに対して、外部からの開発プロジェクトにも対応できる現代的な組織となっている。すなわち、かつてのセングが、メンバー構成、上下関係、規則などにおいて「強固な共」であったのに対して、現在のセングはその根底にある助け合いの精神を引き継ぎながら、「ゆるやかな共」として蘇ってきたといえるのではないか。

プロジェクト後もセング委員会は解散することなく、行政の末端機構である村の代表で構成される村評議会とは別に存続し続けているが、K村の村長は、「県や外部から降りてくる事業や業務は一旦村評議会で受け、適宜セング委員会に振り分けている。セング委員会が結成された頃は、水力製粉機建設の指導権をめぐり村評議会と新たにできたセング委員会との間で諍いや競合が起きたが、いまでは役割を分担し、両者が補完しあいながらうまく機能している」と述べていた。「ゆるやかな共」としてのセング委員会は、「公」・「官」の組織である村評議会と、「個」・「私」としてのコーヒー生産農民との間に立ち、相互を結び付ける役割を担っているのである。

K村に地域資源である水力を利用した施設が造られ、今も稼働し続けている背景には、人と人とのゆるやかな結びつきと協働がある。今では、丸裸だった斜面に掘られた導水路が崩れないようにと植えられた草木も生長し、導水路に沿った小径は長い歳月の間に女たちの往来によって踏み固められている（口絵13）。取水口の周辺はこんもりとした森となり、取水口から貯水地まで続く導水路はきれいに整備され、塵や枯れ草などに邪魔されることもなく水が流れていく。製粉機小屋は風景の一部に溶け込み、K村住民のみならず近隣の村の人びとにまで親しまれている。地域水力とは、単に電気を生み出すものではなく、その地の社会・経済・文化・生態などのポテンシャルを掘り起こしつつ地域の発展に寄与していくものといえよう。

第三節　ドイツにおける水力を利用する技術とそれを支える組織

山と森と川の国

二〇一七年秋、ドイツ南部に水力機械の技術者であるV氏を訪ねた。私はタンザニアのK村でのプロジェクトに携わったのちも年に一度K村に通い続けるなかで、水力製粉機が持続的に運営されやがて小規模な発電へと至る過程をみてきた。その過程においてV氏は水力製粉機設置時に技術面での助言をし、二〇一〇年以降は発電への支援をするなど重要な役割を果たしてきたが、水力製粉機設置時以降一度も再会することがないまま一七年もの歳月が流れていた。V氏はどのような背景や経緯でタンザニアでの活動に関わることになったのか、長年にわたる疑問の答えを知りたいと思いドイツを訪れた。

ドイツは、南部と中部を中心に多くの山地を擁し、南西部のシュヴァルツヴァルト（黒い森）をはじめとした豊かな森が広がり、三大河川であるライン川、ドナウ川、エルベ川のほかにも大小の川が流れる国である。これらの山や森や川が人びとの暮らしを支えるとともに、変化に富む美しい景観を創り出している。ドイツ南西部を流れるネッカー川流域の渓谷には、中世に造られた数多くの城や館があり、四方を見渡せるように川沿いの小高い山の上にそびえている。V氏は、ネッカー川沿いにある古城の街として名高いハイデルベルクの南東一〇キロメートルほどの位置にあるB街を拠点とし、川沿いの古い製粉場や製紙工場を小規模な発電施設に改築していく事業に携わっている。そのひとつが、図6－7の建物で地下には水力発電システ

図6－7　地下に水力発電システムが設置されている建物

図6－8　図6－7の建物に併設されている魚道

ムが設置されている。改築作業の際にすべてを入れ替えてしまうのではなく、人が病気になった時に悪いところだけを治療するのと同様に、必要な部分のみを修理したり壊れた部品を取り換えるのだという。修理をする技術者のことをミル・ドクター（製粉機の医者）と呼ぶこともあるそうだ。こうした施設には環境への配慮のために魚道（図6―8）を併設することが義務づけられているが、出力一〇〇キロワット以下の小規模な水力施設の場合は採算がとれないこともあるという。V氏の自宅兼仕事場も古い製紙場を改築したもので、傍をながれる小川の水を利用してつくり出した電気を使用している。庭には試行錯誤の跡がうかがえる水車の残骸が年月を経て草木に溶け込んでいた。本節では、V氏がタンザニアのマテンゴ高地と出会い協力に至る背景とその過程を、ドイツにおいて受け継がれてきた水力を利用する技術やそれを支える組織に着目しながら検討していく。

タンザニア・マテンゴ高地との出会い

V氏は、一九六五年から一九八〇年までインド、アフガニスタン、エジプトにて水力製粉機設置やかんがい施設の建設・整備などに携わっていた。一九八〇年にドイツに戻り、ネッカー川の支流の街に古い水車を用いた製紙場をみつけ、それに手を加え水力発電設備を備えた自宅兼仕事場に改築した。それ以来ここを仕事と生活の拠点とし、年に一ヵ月ほどは海外での仕事も継続している。一九八六年に国際NGOがタンザニアでプロジェクトを始めた際にV氏も協力するようになり、その一環でタンザニア南西部を訪問することになる。初めてマテンゴ高地を訪れたときに、その山がちな地形をみて「ここだ」と思ったという。ドイツで自らが携わっている水力製粉場や製紙工場を修復し小規模な発電設備として再利用する、まさにその発想と技術をこの地であれば応用できると確信したという。最適な地形的・自然的特徴を備えたマテンゴ高地のあるムビンガ県にて支援を開始し、キリスト教系団体に協力しムビンガ県に六つの水力製粉機を設置したのちに、第二節で述べたようにプロジェクトが水力製粉機を設置していく際に技術的な助言をすることになったのである。

ところが、一九九〇年代後半からドイツの開発援助機関の方針がインフラ重視から社会開発にシフトしていくなかで、V氏が関与していた活動への支援も打ち切られてしまう。インフラ設置だけではなく、マイクロファイナンスや農民グループ支援などのソフト面にも力を入れていたにも関わらず、評価されなかったことにひどく落胆したという。V氏がタンザニアでの活動を継続していく資金をどのドナーからも断られ途方にくれていた際に、ドイツの地元の人びとが、「ドナーが資金を提供してくれないのならば、自分たちで資金を出し合い支援を継続してはどうか」と提案してくれたという。V氏が積極的に働きかけたのではなく、地元住民からの提案であったことに驚くと、次のように説明をしてくれた。

ドイツでは毎年水車や風車を訪問者に開放する「ミルの日」が設けられており、各地に散らばる水力機械の技術者や業者は各自の水車や関連施設を地元の人びとに開放するという。昔から水車があるということを知っている大人にとってはそのことを思い起す機会となり、水車のことを知らない子どもたちにとっては水車の伝統を受け継いでいく契機になる。V氏も「ミルの日」には自らの施設を開放し、その場を利用し、タンザニア農村での製粉の仕方や暮らしぶり、支援の様子を来場者に伝えてきたという。彼の工房の一角にはこれまでに携わってきた国や地域の展示スペースがあり、タンザニアの展示スペースにはK村に設置されているのと同じ型の製粉機が置かれていて、その背景にはマテンゴ高地の山や川の絵が鮮やかに描かれている（図6－9）。「ミルの日」には、工房や庭を開放し、軽食を準備し、招き入れた地元の人びとに訪れた地域の暮らしやそこでの活動を知ってもらう努力をしてきたという。こうした長年にわたるV氏の地道な努力をみてきた地元の人びとが、V氏がドナーからの支援を打ち切られた際に団結し支援を継続していくことを提案し、二〇〇一年、地元住民と水力機械の技術者らによるLicht für Afrika e.V.（アフリカに灯りを）が設立されることになったのである。

ドイツにおけるエネルギー大転換とエネルギー協同組合

ここでは、V氏らの活動の背景や意味をより深く理

図6－9　製粉機とマテンゴ高地の風景

解していくために、ドイツにおける水車をエネルギー源として利用してきた歴史とそれを支える組織をみていきたい。

水車の起源は諸説あるが、紀元前一世紀頃から水車は動力源として利用されてきた。ヨーロッパは豊かな森と大小の無数の川に恵まれ、川はエネルギー源として計り知れない価値を持っていた。修道院には水車、製粉所、菜園、手工業など生活に必要なものを含めるようにと戒律によって定められていたことから、まずはベネディクト会が水車の普及に大きく貢献し、それをみていた人びとが川を利用し水車を使用し始めていったという。八世紀頃には水車は課税対象になるほど重要になり、九世紀には多くの大領地に水車小屋が建てられるようになる。一〇世紀から一二世紀にかけて北西ヨーロッパでは森林を伐採し未利用地の開拓がすすめられるが、そこに穀類を育て水車を使って製粉したことにより水車の数が急増し、食生活においても穀物を煮ただけの粥に代わって、焼いたパンの消費が増えていった。貴重な動力源であった水車は次第にその機能を拡大し、金属の精錬・鋳造・切断・形成などの工業、製材、掘削などへの動力の提供をはじめ、ビール・オリーヴオイル・紙・コイン・絹といったものまで多岐にわたる生産に利用されるようになっていった。それにともない、一一世紀から一二世紀にかけて水車の数は急速に増え、蒸気機関が発明されるまで主要な動力源であり続けていった（レイノルズ 一九八九、ギース・ギース 二〇一二）。

動力源として長い歴史をもつ水車がふたたび登場するのは、今から一〇〇年以上前、農村に電気をひくことが難しかった時代のことである。ドイツではバーデン＝ヴュルテンベルク州にあるアルプ発電所協同組合が、一九一〇年から水力製粉場で発電し、地域に電気を供給し始めたことで知られているが、製粉や製紙などに利用されていた水車が修復され、発電に利用されたのである。この時代に農民がみずから電気を供給するためには、生産者協同組合や基礎自治体が主導した電力会社を設立するしか手段はなかったという。このようないわばエネルギー協同組合の多くは、その後電気事業が公営化されるなかで消えていったが、いまふたたび、地方における再生可能エネルギー（以下、再エネ）の供給者として蘇ってきている（石田 二〇一三）。

エネルギー協同組合についてみていく前に、ドイツのエネルギー政策を概観しておきたい。メルケル首相は当初から気候変動や温暖化対策を「二一世紀最大の挑戦」とし積極的に取り組んできたが、二〇一一年の福島原発事故を契機に脱原発に大きく舵をきり、再エネへの転換を加速させてきた。ヨーロッパでの再エネへの転換を牽引しているドイツは既に二〇二二年末までの原子力発電廃止を決定し再エネへの転換をすすめている。いっぽう依然として石炭や褐炭にも依存しているが、二〇二〇年七月に石炭・褐炭火力発電を二〇三八年までに全廃する法案が連邦議会で可決されている。ドイツのエネルギー大転換（Energiewende）は、単に脱原発や電力供給体制の改革を指し示すだけでなく、電力・熱・モビリティの分野で供給される資源の大転換を意味し、石炭・褐炭などの化石燃料や天然ガス・ウランから持続可能な再エネへの転換という意味が含まれているという。このエネルギー大転換の基礎となる再エネに関する主な法律としては、一九九〇年に「電力供給法」、二〇〇〇年に「再生可能エネルギー法」が制定されるが、その後の変化に対応するために、何度か法改正がおこなわれている。また、再エネの普及を促進した一因として、「固定価格買取制度（Feed-in Tariff：ＦＩＴ）」があげられる。ＦＩＴは今では多くの国々で導入されているが、この制度を最初につくったのがドイツである。発電コストを全額保障するような価格で、二〇年にわたり一定の価格で電力会社が全量買い取ってくれるこの制度が、広く再エネを普及させることに大きな役割を果たした。再エネの構成については、最初は水力発電が圧倒的なシェアを占めていたが、風力、バイオマス、ついで太陽光発電が登場した。地域ごとにも差があり、ドイツ北部は、風力、バイオマス、太陽光が上位を占めているのに対して、ドイツ南部は、太陽光、バイオマス、そして水力が優勢で、風力はさほど用いられていない（和田二〇〇八、寺西・石田・山下二〇一三、村田・河原林二〇一七、山家二〇一七）。

こうした国レベルでの再エネへ向けての積極的な働きかけがあるいっぽうで、地域からも再エネへ向けての大きな動きが起きている。その推進力となるのがエネルギー協同組合である。エネルギー協同組合は全国各地で結成され、州により違いはあるが、現在も増加の傾向にある。州政府や連邦政府、欧州連合（EU）からの政策的な支援も受けながら、それぞれの地域の特徴をいかした取り組みをおこなっている。バイエルン州レーン＝グラプフェルト郡グロースバールドルフ村のライファイゼン・エネルギー協同組合の例をみてみよう。再エネを利用した地域振興をおこなうために念頭においたのが、フリードリヒ・ライファイゼン（一八一八〜一八八八）の理念であったという。一九世紀半ば、産業革命が進展するなかで農民は、銀行から融資を受けることができず高利貸の下で苦しみ、農地を失うことも多く貧困が深まっていった。そうした状況に対して、「ドイツ農村信用組合の父」と呼ばれるライファイゼンが、相互に助け合う協同組合の金融機関を設立した。「一人は万人のために、万人は一人のために」、「一人でできないことでも、皆が集まればできる」という理念は、今日の協同組合が掲げる原則の原型となっているが、この理念のもと、二〇〇八年六月に、ライファイゼン・エネルギー協同組合が設立された。「村のお金は村に」というスローガンは、再エネから得られる利益を地域社会に還元して循環させていくことを意味している。ドイツでの再エネ生産は、小規模分散型で地域の住民みずからが事業に参加し、地域の自然資源や資金を有効に活用しているが、そこから生まれる利益も地域の中に還元されるべきだという考え方が根底にあり、それに最もあう組織形態が協同組合であるという（藤井・西林 二〇一三）。

V氏が拠点とするバーデン＝ヴュルテンベルク州にも数多くのエネルギー協同組合があり、V氏もエネルギー協同組合のひとつをとおして、ネッカー川の支流域にある古い製粉場や製紙工場を小規模な発電施設に修築していく作業に携わっている。こうしたエネルギー協同組合は、e.G. すなわち「登録協同組合（eingetragener Genossenschaft）」と表記されているのに対し、V氏が地元の人びとと結成した Licht für Afrika は e.V. と記載されている。この e.V. とは、「登録協会（eingetragener Verein）」の略であるが、Licht für Afrika について掘り下げていくためにも、ドイツにおける協会（Verein：以下、フェライン）についてみていきたい。

ドイツ社会における「ゆるやかな共」としてのフェライン

一九世紀のドイツは、産業化・工業化と急速な経済発展という大きな社会変化を経験していく。農村から都市に人びとが移動し、家族や地域での紐帯が弱くなっていくなかで、互いに助けあい、日々の楽しみを共有できるような新しい繋がりが求められていくようになるが、そこに創り出されたのがフェラインである。フェラインとは、共通の目的のために自発的に人びとが集まり自らの資金で運営される自主的組織のことであり、読書、美術、歴史、合唱、スポーツなどさまざまなフェラインが結成されていったという。一九世紀のドイツは、マックス・ウェーバーが「人びとは信じられないくらい『協会人間（Vereinmensch）』になった」（田中二〇一一：一七〇）と述べるほど多くのフェラインが結成され、大きな社会的潮流になっていった。フェラインは、それから一〇〇年たった現在にも受け継がれており、人びとの生活やアイデンティティになっただけでなく、社会団体のあり方を規定し、現在に続く社会経済的・法的制度をもたらすことになったのである（田中二〇一一）。

フェラインの本来の意味は、「一つになる」、仲間、同志の集まりである。七人以上の構成員で自発的に結成できる法人であり、公益性の認証を受けると税制上の優遇措置が適用される。ドイツ全体で五五万ほどのフェラインがあり、会員の合計は三〇〇〇万人ほどとされている（石田二〇一一）。読書、合唱、演劇、体操、サッカーなどのサークル系から、雇用、環境、交通、原発・エネルギー、高齢者・子ども・障碍者、食の安全性などさまざまな領域において公益的活動をおこなうものまで多岐にわたるフェラインが結成されている。上述したライファイゼン農村信用組合も、当初は協同組合ではなくフェラインであったという。石田（二〇一一：三〇）は、「協同組合」という「自助組織」が、経済目的のために「固い結束」を求めるのに対し、フェラインという「他助組織」は、社会目的のために「緩やかな結合」を求めるといった対比が可能ではないかと指摘している。

遥か昔から動力あるいは電力として利用され脈々と受け継がれてきた水車は、現在のエネルギー大転換のなかで新たな形で蘇ってきた。V氏は、その流れを引き継ぎ、仕事や暮らしにおいてはエネルギー協同組合を活用しつつ、アフリカ支援については、地元の人びとともに「緩やかな結合」であるフェラインという形でLicht für Afrikaを結成しているといえよう。エネルギー協同組合とフェラインのどちらにも共通することとして、「できることは、自分たちでやる」という精神がある。ドイツは一六の州からなる連邦国家であるが、基礎自治体―州―連邦―EUという体系のなかで、「住民ができることは住民がやる」、「住民ができないことは基礎自治体がやる」というような「補完性原理」が働いている。自分たちで解決できないことについては基礎自治体にゆだねるが、フェラインの利用などを通して自分たちで問題の解決をはかろうとする傾向が強いという（石田 二〇一二）。エネルギー協同組合や公益的活動をおこなうフェラインの事例には、「行政が支援してくれないのなら、自分たちでやろう」というような言葉が常套句のように出てくるが、Licht für Afrika e.V.の結成の呼び水となった「ドナーが支援してくれないのなら、自分たちでやろう」という一言も、ドイツでは日常的な実践の延長線上にごく自然に発せられたと考えると納得がいく。Licht für Afrikaは他のフェラインからも支援を受けながら活動を展開している。ひとつのフェラインでは力不足の場合は、フェライン同志が「緩やかに結合」し、より大きな課題の解決に挑戦する姿勢は、国を越えた公益的な活動にも活かされているのである。

第四節　地域水力の核となる「ゆるやかな共」――プロセスを経ることの意義

水車の歴史を振り返ると、紀元前一世紀頃からの長い歴史のなかで水車が動力源として利用されていた時間が圧倒的に長く、ヨーロッパの農村で製粉や製紙などに利用されていた水車が修復され発電に利用されるようになるのは、一九〇〇年代初頭になってのことである。その後電気事業が公営化されるなかでいったんは消えていくが、近年のエネルギー大転換のなかで再エネ供給者という形で蘇ってくる。長い歴史のなかで既に確立しているこの技術を、その工程を圧縮してタンザニア農村に導入することは可能であり、むしろ近道のようにもみえる。とりわけタイムスパンが決められている支援の枠組みのなかでは、成果を出すために近道を選択しがちになるが、時間をかけ、段階を踏んでいくことには思わぬ意義や醍醐味がある。

第一に、プロジェクトでは、水力「製粉」のみならず「発電」も同時におこないたいという住民の要望に対して、物づくりのプロジェクトではなく、ンタンボの利用の向上や環境保全、住民参加によるキャパシティの向上を目指すことが基本的な指針であることを、時間をかけて住民や関係者間で共有し、共通の出発点とした。それから一〇年ほどの歳月をかけて「発電」にすすむことになるが、その間、水力製粉機が賦活剤となり農民グループ活動、小型製粉機建設、給水事業などの諸活動を主体的に立案・実施していたことが、人びとのキャパシティの構築に繋がっていったと考えることができる。のちにV氏が、ムビンガ県にて自身が手掛けた水力製粉機を視察した際に、施設とそれを支える組織の双方からK村を選び、発電に繋げる支援を決めたことからもそのことが証明されたといえよう。V氏は、「アフリカ農村で水力を利用した電化を考える際に山がちな地域でのポテンシャルは大きいが、それを維持していくには労力をいとわない、コミットメントのある住民組織が必須である」と指摘しているが、この一〇年という歳月は、持続的に施設を維持していくために求められるコミットメントが試された期間ともとらえることができよう。そして、水力製粉機から発電に至るまでマテンゴの人びとが得意とする在来の技術や知識に依拠する活動を次々に実施していった年月は、水資源を地域の資源として改めて認識していく過程ともなったのである。

第二に、この一〇年の間に外部社会や村内では大きな変化が生じていた。二〇〇〇年代は、タンザニアの経済成長を背景とし都市や大きな町で電化がすすみ、携帯電話をはじめとした電気製品が加速度的に普及していった。また、初等教育から中等教育に重点が移行していくなかで中学校建設が村々で積極的におこなわれていくようになり、学校や診療所・教会などの電化が強く望まれるようになっていく。こうした時代の変化に呼応しながら、電気への切望やニーズが内から湧き上がってきたのである。一〇年前であれば、外部者に支援され「与えられた電気」であったものが、「内から欲した電気」へと意識が変わっていたことが、電化に向けての積極的なコミットメントと土台となる水力施設を維持していくことへの責任感に繋がっていったといえよう。

第三に、電化だけを考えれば、太陽光発電の導入であるとか、系統電力が届くのを気長に待つなどの方策もある。現に、水力を用いた発電事業と並行して、小型の太陽光パネルを購入し利用する世帯も増えている。しかしながら、環境劣化に直面し、環境の復興と保全が喫緊の課題であるK村では、水力製粉機設置によって水源を維持するために住民が環境保全に関心を抱くようになることも重要な効果であり、単なる電化を越えた意味があった。水力製粉機完成後、設置場所周辺が水の精霊の棲み処であったことも加わり、環境保全や植林への意識が高まっていったが、多くの事例が示しているように、住民が常にモチベーションを保ち植林を継続することは難しく、しばらくすると当初抱いていたモチベーションや意欲に萎えがみえるようになってきた。K村の場合は、水力製粉機に続き小型水力製粉機建設や村区レベルでの給水事業などが実施されていくことになったが、新たな事業の開始や完成時、修理やトラブルに見舞われた際、外部者に助言をされた時などに、「環境保全や植林は必須である」という初心を思い起こし、再確認する契機となっている。とりわけ村の共有物である水力製粉機を基盤とした「電化」への挑戦を前に、「植林や水域涵養なしには、水力製粉機の持続的な運営も、電化というさらに大きな挑戦も成功することはない」という気持ちが沸き上がり、ふたたび植林に積極的に取り組むようになっていった。植林という地道な作業に常にコミットし続けることは困難であっても、折につけ再認識し、続けていくということが長期的に持続していくことの秘訣ではなかろうか。

地域水力の核となる「ゆるやかな共」

本書では、地域水力を動力や電力以外にもさまざまな側面から地域の発展に貢献するものととらえているが、本章の事例をとおしてその核となるのが、人の結びつきであるということが明らかになった。タンザニアのK村ではセング委員会が水力製粉機事業を推進していく際に、「人が集い議論し、目的に向かってともに働く場にしたい」というかつてのセングの精神をプロジェクトに吹き込んでいった。その思いは水力製粉機設置に続く農民グループ活動や中学校建設などにも反映されていき、上述したようなプロセスを経ていくなかで、セングに体現される助け合いや協働の精神が村人のなかに意識的あるいは無意識的に浸透していくことになったのである。

ここで特筆すべきことは、かつてのセングが、メンバー構成、上下関係、規則などにおいて「強固な共」であったのに対し、現代のセングは、その根底にある助け合いの精神を引き継ぎながらも、時代の変化や社会的諸条件に呼応する形で「ゆるやかな共」として蘇っていることである。また、セングには、ンタンボや村を越え訪ねてくる人びとを受け入れる素地があったというが、外部者である日本人やドイツ人を受け入れ、ともに協議し事業をすすめていったという点においても、セングの伝統は受け継がれているといえよう。

いっぽう、ドイツにおいても長い水車の歴史のなかで、一九〇〇年代初頭に製粉や製紙などで使用されていた水車を発電施設に修復していくが、その後電気事業が公営化されるなかでいったんは消えたものの、いまふたたび再エネの供給者として蘇ってきている。その推進力となるのがエネルギー協同組合であるが、「強固な共」としての協同組合に対して、公共の福利のために「ゆるやかな共」として結成されるのがフェラインである。V氏はタンザニアでの活動へのドナーの支援が途絶えたときに、地元の住民とともに「他からの支援がないのなら、自分たちでやる」という精神のもとアフリカ支援のフェラインを結成している。

本章でみてきたタンザニアとドイツの事例は、大陸を隔てた異なる地域での「ゆるやかな共」を基とした動きが、各々の地域内にとどまることなく水車を介して交わり共鳴しあうことにより、国境をも越えた繋がりに発展することを示している。単に電気を生み出すものとしてではなく、その地の社会・経済・文化・生態などのポテンシャルを掘り起こしつつ地域の発展に寄与するものとして地域水力をとらえれば、異なる国や地域の人びとが出会うことにより、それはさらに大きな広がりを創り出していく可能性を秘めているといえよう。

引用文献

荒木美奈子（二〇一一）「『ゆるやかな共』の創出と内発的発展――ムビンガ県キンディンバ村における地域開発実践をめぐって」（掛谷誠・伊谷樹一編『アフリカ地域研究と農村開発』京都大学学術出版会）、三〇〇～三二四頁。

荒木美奈子（二〇一六）「内発的な開発実践とコモンズの創出――タンザニアにおける水資源利用をめぐる対立と協働に着目して」（高橋基樹・大山修一編『アフリカ潜在力　第三巻　開発と共生のはざまで』京都大学学術出版会）、九一～一二一頁。

石田信隆（二〇一三）「注目すべき協同組合――地域のための最良の選択」（寺西俊一・石田信隆・山下英俊編『ドイツに学ぶ地域からのエネルギー転換――再生可能エネルギーと地域の自立』家の光協会）、一〇一～一三三頁。

石田正昭（二〇一一）『ドイツ協同組合リポート　参加型民主主義――わが村は美しく』全国共同出版。

伊谷樹一・黒崎龍悟（二〇一一）「ムビンガ県マテンゴ高地の地域特性とＪＩＣＡプロジェクトの展開」（掛谷誠・伊谷樹一編『アフリカ地域研究と農村開発』京都大学学術出版会）、二八五～三〇〇頁。

掛谷誠（二〇一一）「アフリカ的発展とアフリカ型農村開発への視点とアプローチ」（掛谷誠・伊谷樹一編『アフリカ地域研究と農村開発』京都大学学術出版会）、一～二八頁。

ギース、ジョゼフ、フランシス・ギース（二〇一二［一九九四］）『大聖堂・製鉄・水車――中世ヨーロッパのテクノロジー』桑原泉訳、講談社学術文庫。

杉村和彦（二〇〇九）「新しい公共圏の創出と消費の共同体――タンザニア・マテンゴ社会におけるセングの再創造をめぐって――」（児玉由佳編『現代アフリカ農村と公共圏』アジア経済研究所〔独立行政法人日本貿易振興機構〕）、二二三～二六六頁。

田中洋子（二〇一一）「労働者文化と協会《フェライン》の形成」（若尾祐司・井上茂子編『ドイツ文化史入門――一六世紀から現代まで』

昭和堂）、一六七〜一九五頁。

寺西俊一・石田信隆・山下英俊編（二〇一三）『ドイツに学ぶ地域からのエネルギー転換――再生可能エネルギーと地域の自立』家の光協会。

藤井康平・西林勝吾（二〇一三）「エネルギー自立村の挑戦――三つの事例から」（寺西俊一・石田信隆・山下英俊編『ドイツに学ぶ地域からのエネルギー転換――再生可能エネルギーと地域の自立』家の光協会）、三三〜六六頁。

村田武・河原林孝由基編（二〇一七）『自然エネルギーと協同組合』筑波書房。

山家公雄（二〇一七）「ドイツの再生可能エネルギー推進策の現状と方向」（植田和弘・山家公雄編『再生可能エネルギー政策の国際比較――日本の変革のために』京都大学学術出版会）、六三〜九六頁。

レイノルズ、T・S（一九八九［一九八三］）『水車の歴史――西欧の工業化と水力利用』末尾至行・細川訢延・藤原良樹訳、平凡社。

和田武（二〇〇八）『飛躍するドイツの再生可能エネルギー――地球温暖化防止と持続可能社会構築をめざして』世界思想社。

終章　人と環境とエネルギーの関係性

伊谷樹一・荒木美奈子・黒崎龍悟

序章でも触れたように、日本では七世紀にはすでに石臼の動力として水力が使われていた。江戸時代になると地場産業の発達や米飯の普及によって水車が広く使われるようになり、昭和の高度経済成長期の前まで農村地域の主要な動力源であったが、系統電力が拡張するのにともなって水車は急速に姿を消していった。それ以来、この小さな動力が主要なエネルギーになることはないのだが、二〇一一年の福島第一原発事故を機に、水車は安全な自然エネルギーの象徴として静かに威光を放つ存在となっている。いっぽう、アフリカにおける水力の歴史は浅く、大都市に電線が通ったのは今から半世紀あまり前のことで、それより前にも後にも、一般家庭で水力が電力・動力として使われたことはなかった。すなわち、アフリカにおいて地産地消を前提とした「地域水力」はまったく新しいエネルギーなのである。水力利用の歴史も扱いも大きく異なるが、いずれの地域においても今後の動向が注目されるエネルギーとなっている。

「地域水力を考える」という表現を、「人と環境とエネルギーの関係性を理解する」と言い換えれば、この本の意図がよりわかりやすくなるかもしれない。ここでいう「人」は生態系を破壊することも維持することも、生態環境からエネルギーを取り出すことも取り出したエネルギーを使うこともできる技術をもった人間社会のことで、「環境」は人の生活を取り巻く身近な生態環境と社会経済の状況、「エネルギー」は人が扱える自然エネルギー（ここでは流水から取りだした力学的エネルギーまたは電気）として考えてみることにしよう。本書に掲げた地域水力の事例は、人・環境・エネルギーがじつに絶妙なバランスのうえに成り立つことを示しているが、それを盤石にすることが私たちに課せられた目標だと言ってもよいだろう。終章では、上掲した論攷を踏まえながら、三者のあいだで保たれるバランスについて、技術、地域社会、環境という三つの視点からまとめてみたい。

そして最後に、ダムを擁する大型水力発電所とは到底比べものにならないちっぽけな地域水力が、日本でもアフリカでも多くの人から注目される、その魅力について簡単に私論を述べてみたい。

第一節　技術の伝播と改良

地域水力を生みだすためには、水資源、エネルギーの変換技術、そしてこのシステムを創り出す社会がなければならない。この節では、まず水の位置エネルギーを力学的エネルギーまたは電気に変換するための技術について考えてみよう。

水車の起源と初期の伝播については序章や第一章で触れているのでここでは詳しく述べないが、いずれの地域でも揚水や農産物の加工の動力として各地に取り入れられ、やがて農作業や地場産業の補助として動力源または電源として使われるようになっていった。サハラ以南アフリカにはなぜか最近まで伝わらなかったが、農産物を加工したいときには乾季で水がないという季節的なめぐり合わせの悪さも関係していたのかもしれない。水力の技術は二〇世紀の中頃になってようやく導入されることになり、それを主導したのがキリスト教の宣教会であったことは第一章で詳述している。ただ、アフリカでは穀物の製粉には杵臼やサドル・カーンといった往復運動をする道具が使われていたため水車の回転運動を接続することができず、アフリカでは水力を動力として使い始めるまでにさらに半世紀を要した。その頃には、海外の援助機関がさまざまな技術を機械とともに移転するようになって、水車の回転は回転式の動力製粉機や発電機に接続されるようになっていった（第六章）。

この節で注目したいのは、地域水力では、水車が伝わった環境において独自に改良・適正化されることで地域固有の形が考案され、多様な水車が生みだされてきたという特徴である。本書で示した多くの事例は、故障やトラブルのたびに改良が加えられているが、地域水力が小型で扱いやすく修繕や改良に経費がかからないということ、すなわち「失敗できる」という特性も地域水力が多様な環境で自在に適応してきた重要な要素なのである。

第三章の石徹白の事例では、地域の身の丈に合った技術からスタートし、経済的な余力や関係者の技術的な成長に応じて少しずつ水車をレベルアップし、最終的には大きな出力を可能にして地域再興の中軸を担った。逆に、富永町の電気自動車の事例は、発電量に比べて消費量が少し大きすぎたことによるトラブルなのかもしれない。また、第五章で示した「引き算」の発想は興味深い。大きな出力を得るために壊れやすい箇所の強度を増すというのはいかにも日本人らしい指向であるが、目標とする出力を下げて壊れやすい箇所への負荷を軽減するという柔軟さは、システムを簡素・廉価にしたい地域水力には欠かせない要素なのである。

そういう意味においては、第四章のタンザニア・ルデワ県農村の事例は、まさに地域水力の志向をきわめたといってもよい。手作り水車の個性もさることながら、回転を伝えるベルトには古い自動車のタイヤから切り出したゴム紐を使用し、滑車を支える軸受けには摩擦で黒焦げになった木片が使われていた。簡単に壊れても修理に時間と費用はかからない。この電気でサッカーのテレビ中継を観戦している村人に技術指導をする者などいないはずだ。

家の前の小さな水路で水車を回しても発電することができる。出力を上げようとしていろいろな工夫を凝らすなかで、水車の製作技術だけでなく、水の流れを生みだす環境にだれもが思いを馳せる。地域水力は生態環境と電気（エネルギー）をつないでくれる思考の装置で、それを自分で体現できるというのが技術的な醍醐味であろう。

第二節　地域水力と人・社会

本節では、地域水力を人や地域社会の視点から考えてみたい。地域水力は、興奮や発見、好奇心や探求心をともなう創造的なプロセスをとおして多くの人びとを惹きつけていく。はじめは発電という具体的な目標に向かって動き出すが、やがて環境という前提を共有していくようになる。

第三章の石徹白の事例では、小さならせん水車から大型水力発電へと展開していく過程で、関係者は達成感を味わいつつアイデアや資金・労力を出し合い、多くの住民を巻き込みながらいつしか水車を軸にしたかたちで地域を活性化していった。第四章のタンザニアの事例では、ンジョンベ州ルデワ県の農民が近隣のキリスト教会の水力発電所で見聞きした情報をもとにその外観的な構造の模倣から始まり、試行錯誤を繰り返しながら自分たちの自然環境や物質的状況でも回転させられる水車を作りあげていった。この地を訪れたルヴマ州ムビンガ県の農民は、自分たちよりもさらに田舎の農村で、専門的な技術を学んだわけでもない農民が自在に電気を操っていることに仰天した。それに触発されて、さっそく自分たちも水車の製作にとりかかったが、環境が異なるので単純な模倣ではうまくいかない。失敗は人びとの創造力を引き出し、創作のおもしろさが彼らを水車作りに熱中させていった。人は地域水力と関わることで、自分たちの環境を見つめ直したにちがいない。それは、経済性だけを重視してきたこれまでの視線とは明らかに異なっていたはずである。

第五章の米原市の事例では、外部アクターである自治体のイニシアティブのもと発電事業が開始されるが、はじめは受動的であった住民も、電気代への貢献や、台風による停電時に集会場に電気が灯って心強かったという経験を積むなかで、徐々に水力発電を受け入れ、主体的に運営・管理に参加していくようになっていった。同様に第六章のタンザニア・ルヴマ州の事例でも、初期段階ではドナーのイニシアティブが強いが、その後、住民が主体的に水力製粉機の維持・運営にコミットしていくことをとおしてさまざまな技能を高め、動力の利用を発電に応用していくプロセスが描かれている。これらの事例では、地域水力に関与していくプロセス自体が個人や集団での学びと成長のプロセスであり、それが地域全体の成長につながっていくことを示している。また、事業の始まりはどうであれ、地域の水力資源を活用するということで人や地域を巻き込み、やがてその生態・社会・文化のポテンシャルを掘り起こしていくという共通した傾向性も、地域水力の機能であることを指摘しておきたい。

地域水力に関わるプロセス自体に意味があることを指摘したが、独自の改修や開発をすすめたものの発電に至らないという結果に終わっても、その経験をすぐ次のステップに反映できるというのが地域水力の大きな魅力である。第一章のタンザニア・ソングウェ州の事例では、発電が停止したというネガティブな経験が、環境劣化という重要な課題に気づかせてくれる契機となった。そこでは「水車が回らない」という現実を直視するなかで、村人が環境劣化の実態に気づくところから始まる。その気づきを「環境の修復」という実践に移すには別の思考が必要で、このときは植林の目的を環境保全から経済に置き換えることで、環境と経済を結びつけることができた。第四章のルヴマ州の事例では、村の電化こそ達成できなかったが、それは彼らがもっとも大切にしてきた平等性との折り合いがつけられなかったためで、資源の共同利用という、より高次の課題として受けとめる必要がある。それとは別に、彼らは数々の苦労をとおして多彩なアイディアを出し合い、電気の知識や技術の習得から、商人との交渉、行政上の手続きに至るさまざまな処世術を学ぶことができたのである。

最後に、エネルギーの生産と消費についても触れておきたい。第二章では、戦前電化の対象とならなかった、製糸業や製陶業といった地場産業を有する地域を中心に、住民が自ら電化事業を立ち上げていった事例を取り上げている。そこで資金調達を可能にしたのが地域の共有林や養蚕業であり、住民自らが出資することにより、集落単位での電化事業が成立していた。出資して電気の供給を受ける世帯はたんなる消費者ではなく、生産を厳しく監視する立場でもあった。これは、エネルギー生産と消費の現場が乖離した現代社会へのきわめて重要なメッセージとなっている。私たちは自分たちが使うエネルギーのつくられ方に、けっして無頓着であってはならないのである。

同時に、生産速度に限りがあるエネルギーの使い方にも、私たちは大いに関心をもつ必要がある。第三章では、わずか三〇ワットの電気が生み出す価値に着目している。この小さな発電所を訪れた人たちは、発電の苦労を理解しつつ、水路の流量が変化すると灯りがゆらぐ電灯のもとで、環境と電気の密接な関係、そして電気が生みだされる速度に思いを馳せたことだろう。地域水力に触れるというこうした体験が、人と環境とエネルギーの関係性について考える第一歩となったのである。

第三節　水力と環境

高所の水がもつ位置エネルギーを力学的なエネルギーとして利用するのが水力である（第一章）。山が多くの雨水を保持できれば、それだけ多くのエネルギーを貯えたことになる。木々の葉は表土を雨滴浸食から守り、林床に堆積した腐葉土は保水力を高める。森林のこうした機能によって豪雨でも雨水は確実に土壌にしみ込み、沢にゆっくりとしみ出すことで、山に貯えられた多量のエネルギーが一気に放出されるのを防いでいる。森林によって穏やかになった水の流れは、その一部が堰で水路に取りこまれ、細かく分岐した溝を通ってすべての水田に届けられる。上流の水田から下流の水田までくまなく平等に水がいきわたるように、地域の人びとは水を厳重に管理してきた。農家はちゃんと水をもらうために水路のわずかな異変にも敏感でなければならない。取水口に落ち葉が溜まっても、水路が土砂で浅くなっていても流れる水量が変わってくることを農家はよく知っている。第三章で紹介した岐阜県坂内・諸家の事例で、大学が設置したらせん水車が回り続けているのは、水の流れを知り尽くした農家が人知れず管理を続けているからにほかならない。水車は設置すれば終わりではなく、毎日世話をしてはじめて回り続けることができるのである。

それは日本もタンザニアも同じである。村人たちがサッカー中継に熱狂しているときに電源が落ちてしまえば、水車の持ち主は大慌てで水車小屋に走って行き、水量に異変を感じれば、水路をたどってすぐに問題を取り除くだろう。水路のなかでどこに弱点があるかをよく把握しているのだ。しかし、水自体が涸れてしまえばどうしようもない。今日のサッカー観戦は諦めるにしても、根本的な問題を解決しなければ、せっかくつかんだ楽しみを手放さなければならなくなる。半年も続く乾季に対処しようとすれば、雨季のあいだにしっかりと雨水を山に貯め込んでおかなければならない。そういう事態に備えて、ルデワ県の人たちは発電の成功と併行して自分たちの水源に木を植えるようになっていった。タンザニア政府や国際的な援助機関は、環境を保全するためにこれまで躍起になって植林事業をすすめてきた。多少語弊があるかもしれないが、保全を目的とした植林の多くは成功してきたとは言いがたい。しかし、ルデワ県ではいとも簡単に住民主導の植林事業が始まり継続しているのである。

ルヴマ州ムビンガ県でもこれと同じ現象がみられた（第六章）。日本のプロジェクトが設置した水力製粉所の横には、いつしか苗床がつくられて樹木の苗が販売されるようになっていた。苗は個人の家の庭先はもとより、製粉所の水源域にも植えられていったのである。ソングウェ州モンバ県の農村では、何年もかけた植林事業は跡形もなく消えてしまったが、水力発電がわずかな期間だけ食卓に灯りを灯したことで、彼らは積極的に植林を始めた。もちろんその継続には別の賦活剤も必要であったが、水力が電灯と環境を結びつけたことは間違いない（第一章）。

戦前の日本における公営電気事業については、集落の共有林が住民寄付金の財源となるケースもあった（第二章）。環境との関係で特筆すべきは、一定の木材価格が維持できていれば、それが地域の山林を整備・維持するインセンティブとして働き、結果として水力発電を環境的（水源の涵養機能）かつ経済的（木材売却による資金の創出）に支えていったことである。その後、木材価格が暴落し、さらに民主的なエネルギーコミュニティが解体されていくなかで、山林が整備されなくなっていった。こうして放置された山林が、昨今の気象災害を甚大化する要因になっていることは言うまでもない。第五章でも指摘しているように、水力発電を治山・治水事業の一環として捉え、流域レベルで水循環を健全に保つ取り組みが、すべての水力発電事業を成功に導くと同時に、気象災害の抑制にも貢献するのだという認識を強くもつべきなのだろう。

第四節　地域水力の発信力

ここまで、地域水力を考えるために、技術、地域社会、環境という三つの視点からその関係性を分析してきた。最後に地域水力そのものがもつ発信力についても考えておきたい。

序章でも述べたように、水しぶきをあげて規則正しくまわる水車に、私たちは正常に循環する環境と、その恩恵にあずかろうとする巧みな地域社会の存在を感じる。

今の日本社会では、電源として水車を使うということ自体にも、「私たちはエネルギーにもこだわっている」という強いメッセージが込められているように思う。水車を見た人は、エネルギーの地産地消、環境保全、地域の自律性など、何らかのメッセージを受け取る。そして、興味を抱いた人のなかには、水車が実際に動いている場所を訪ねて、電気を生みだしそれを使うとはいったいどういう感覚なのかを疑似体験してみようと思う人もいるかもしれない。第三章で紹介した岐阜県坂内・諸家の事例では、らせん水車によって生みだされる小さな電気の使い道を工夫し、わずかな電気の生活を体験するスタディ・ツアーを企画したところ、思わぬ反響を呼んで地域外から多くの人が訪れた。また、二〇〇八年には「岐阜小水力発電シンポジウムin石徹白」が開催され、地区の人口に匹敵する大勢の参加者が石徹白に押し寄せた。地球がさらされている環境問題やエネルギー問題を危惧する人は少なくない。ハイテクが生み出した問題の解決策を、水車という古風な道具に求めているのである。

地域外の人たちの関心の高さは、地域内の人たちを驚かせた。諸家では、発電事業には直接関わっていなかった地域内の住民にも水力という自然エネルギーに対する世間の関心の高さをアピールすることになり、あらためて地域水力への取り組みに対する理解が深まった。石徹白において水力発電への取り組みを多くの住民が理解し支持するようになったのは、外部者の評価の高さと無関係ではないだろう。また、愛知県豊田市富永町では、水力発電が地域の活動の象徴となっていて、それが地域外の人びとを惹きつけ、そうした外からの視線が住民の連帯感をさらに強めているのだという。

タンザニアでも、ルデワ県の水車を見学に行ったムビンガ県の村人の反応を第四章で紹介したが、当然のことながら、他地域からの見学はルデワ県の村人にも波紋を呼び、大きな励みになったことは、その後の発電や植林などの進展を見ても明らかである。地域外の評価が地域内にフィードバックされ、それが地域の活動をさらに活性化させるという相乗効果は、周縁地域での活動を支える大きな原動力となっていることが多い。

水車の素朴な外観と単調な動きは、静かな田園によく似合う。派手さばかりを競う世のなかにあって、ゆったりと動く水車は私たちに安心感を与えてくれる。

日本では牧歌的なイメージを醸し出しながら、タンザニアではわずかな水をかき集めながら、グリッドで送られてくる電源に負けまいと一生懸命水車が回っている。水力は、人類が二千年の時間をかけて磨きあげてきたもっとも古い環境利用の技術であるが、けっして時代遅れの技術ではない。いま世界が本当に求めているのは、健全な環境からつくり出される安全なエネルギーであって、それに合致するのが地域水力なのである。長いあいだ人びとの暮らしや産業を支えながら回り続けてきた水車であるが、その回転は環境が壊れても、人が手をかけなくなっても停まってしまう。人が小さな水力発電に関心を寄せるのは、そこにかならず豊かな自然と、自然と技術を大切にするコミュニティが存在することを、地域水力自身が発信しているからなのだろう。

あとがき

本書の編者らは、東アフリカのタンザニアで農村開発に関するフィールドワークや実践活動を長く続けてきた。一九九〇年代に入ってから、市場経済の影響を強く受けるなかでアフリカの状況は目まぐるしく変化していった。タンザニアでも自然資源に強く依存した生き方は大きくゆらいでいった。私たちは、そのような変化のありようを総合的な視点で捉えるいっぽうで、在来の技術と外来の技術の融合のかたちを探り地域の発展に活かすことを試みてきた。もともと林や水系の保全ということは中心的課題としてあったのだが、その内容に大きな転機がおとずれたのが、本書のなかでも触れている、タンザニアの山岳地帯で手作りの水力製粉や水力発電を実践する人びととの出会いだった。それまで電気や水車などとはほぼ無縁だった私たちだったが、知れば知るほど奥深い水力利用の世界に引き込まれていった。水の流れを動力や発電として応用することを、農村開発の文脈に位置づけて考えるために、まずその技術的な側面について理解を深める必要が生じていった。そのようななか、当時、すでに日本の農村で水力発電の研究・実践を積み重ねていた瀧本氏、岡村氏と知り合い、日本の農村を訪ねながら、技術的側面のみならず、日本ならではの水力利用の社会的・文化的側面についても学ぶことになった。折しも、日本では東日本大震災があり、エネルギー問題への関心が高まっていたころだった。その後、日本とアフリカでの取り組みを往復するかたちで私たちは情報を蓄積していった。当初は日本のローカルで活用されている技術をアフリカの農村で活かすことが主眼であったが、しだいにアフリカの試行から日本の問題を捉え返すということも意識されるようになり、同時代的な取り組みとしての水力利用の意義が明らかになっていった。その成果を問うかたちで、二〇一九年七月二〇日に京都で民族自然誌研究会・定例研究会「農村における水力活用の歩みと展望」が企画された。この研究会の報告者であった、日本の地域電化研究の第一人者である西野氏に本書に参加していただくことにより、時代のギャップをつなぐ水力という側面に、より深い洞察が加えられることとなった。本書はこうした一連の人や時代のテーマとの相互作用のなかで生まれたものである。

本書のなかにちりばめられているように、水力利用それ自体がもつさまざまな魅力が私たちを突き動かす直接的な原動力ではあったものの、グローバルな政治経済の動向に目を向けながら、現代社会における地域水力の意義を考えることも必要であるという認識が共有され、本書へと反映されることになった。

本書の出版は、日本学術振興会・科学研究費補助金・基盤研究（B）「タンザニア農村における電化のインパクトと再生可能エネルギー導入に関する学際的研究」（課題番号20H04400、代表・荒木美奈子）によって可能となった。また、本書の内容の一部は以下の研究費の成果である。科学研究費補助金・基盤研究（A）課題番号15H02591・基盤研究（B）課題番号22310151（以上、代表・伊谷樹一）、基盤研究（C）課題番号09680164・基盤研究（C）課題番号13680087・基盤研究（C）課題番号17520543・基盤研究（C）課題番号25370917（以上、代表・西野寿章）、基盤研究（B）課題番号23401009（代表・荒木美奈子）、若手研究（B）課題番号17K15339（代表・黒崎龍悟）、公益財団法人国際緑化推進センター「平成三〇年度 途上国持続可能な森林経営推進事業」（代表・伊谷樹一）、トヨタ財団共同研究助成（D14-R-0126）・旭硝子財団研究助成「平成二六年度人文・社会科学系 研究奨励」（以上、代表・黒崎龍悟）。ここに記してお礼を申し上げる。

本書の各章の内容は、それぞれの現場でのインタビューや資料収集、実践活動に基づいたものである。研究活動、実践活動に協力していただいたすべての人びとに深く感謝し、厚くお礼を申し上げる。最後に、校正においてご尽力いただいた伊藤詞子さん（京都大学）に、そしてきわめてタイトなスケジュールのなかで編集に携わっていただいた元昭和堂の鈴木了市さん、昭和堂の越道京子さんに執筆者一同心より感謝の意を表したい。

二〇二一年二月

編者

索　引

事項索引

あ

か

さ

た

な

は

ま

や

ら

アルファベット

民族名

国名・地(域)・名

瀧本裕士（たきもと　ひろし）

現職：石川県立大学生物資源環境学部教授
最終学歴：京都大学大学院農学研究科修士課程修了。博士（農学）。
主な著作:『甦るらせん水車』（共著、パワー社、2010年）、『地域環境水利学』（共著、朝倉書店、2017年）など
専門：水文・水資源学、かんがい排水学

西野寿章（にしの　としあき）

現職：高崎経済大学地域政策学部教授
最終学歴：愛知大学大学院経営学研究科修士課程修了。博士（地域社会システム）。
主な著作：『現代山村地域振興論』（原書房、2008年）、『山村における事業展開と共有林の機能』（原書房、2013年）、『日本地域電化史論』（日本経済評論社、2020年）など
専門：農村地理学、地域開発論

●執筆者紹介●（50音順、＊印は編者）

荒木美奈子＊（あらき　みなこ）

現職：お茶の水女子大学基幹研究院人間科学系准教授
最終学歴：イースト・アングリア大学大学院開発研究研究科博士課程修了。Ph.D.（開発研究）。
主な著作：『アフリカ地域研究と農村開発』（共著、京都大学学術出版会、2011年）、『アフリカ潜在力 第3巻 開発と共生のはざまで』（共著、京都大学学術出版会、2016年）、『世界地誌シリーズ8 アフリカ』（共著、朝倉書店、2017年）など
専門：アフリカ地域研究、開発研究

伊谷樹一＊（いたに　じゅいち）

現職：京都大学アフリカ地域研究資料センター教授
最終学歴：京都大学大学院農学研究科博士後期課程中退。農学博士。
主な著作：『アフリカ地域研究と農村開発』（共編著、京都大学学術出版会、2011年）、『アフリカ学事典』（共著、昭和堂、2014年）、『新書アフリカ史』（共著、講談社、2018年）など
専門：アフリカ地域研究、熱帯農学

岡村鉄兵（おかむら　てっぺい）

現職：京都大学アフリカ地域研究資料センター特任研究員、株式会社TOWING技術開発責任者、自然技術開発株式会社代表取締役
最終学歴：名古屋大学大学院環境学研究科博士後期課程修了。博士（環境学）。
主な著作：「らせん水車を用いた農業用水路におけるピコ水力発電システムの最適設計と実証試験」（共著、『農業機械學會誌』、2011年）『らせん水車を用いた実用的なピコ水力発電システムの開発』（環境学博士論文、名古屋大学、2015年）、“Development and Introduction of Picohydro Systems in Southern Tanzania”（共著、*African Study Monographs*、2015年）
専門：小型水力技術研究、地域技術研究

黒崎龍悟＊（くろさき　りゅうご）

現職：高崎経済大学経済学部准教授
最終学歴：京都大学大学院アジア・アフリカ地域研究研究科博士課程修了。博士（地域研究）。
主な著作：『アフリカ地域研究と農村開発』（共著、京都大学学術出版会、2011年）、『アフリカ潜在力 第4巻 争わないための生業実践』（共著、京都大学学術出版会、2016年）など
専門：アフリカ地域研究、適正技術論

地域水力を考える――日本とアフリカの農村から

2021年3月31日　初版第1刷発行

伊谷樹一
編　者　荒木美奈子
黒崎龍悟

発行者　杉田啓三

〒607-8494　京都市山科区日ノ岡堤谷町3-1
発行所　株式会社　昭和堂
振替口座　01060-5-9347
TEL（075）502-7500/ FAX（075）502-7502

印刷　亜細亜印刷

ISBN978-4-8122-2027-6

＊落丁本・乱丁本はお取り替えいたします

Printed in Japan